LA CIENCIA Y LA VIDA

VALENTÍN
FUSTER
JOSÉ LUIS
SAMPEDRO
con OLGA LUCAS

LA CIENCIA
Y LA VIDA

Papel certificado por el Forest Stewardship Council®

Octava edición: diciembre de 2013
Primera reimpresión: febrero de 2024

© 2008, Valentín Fuster y José Luis Sanpedro
© 2008, Olga Lucas, por la edición
© 2008, Penguin Random House Grupo Editorial, S. A. U.
Travessera de Gràcia, 47-49. 08021 Barcelona

Penguin Random House Grupo Editorial apoya la protección del *copyright*.
El *copyright* estimula la creatividad, defiende la diversidad en el ámbito de las ideas y el conocimiento, promueve la libre expresión y favorece una cultura viva. Gracias por comprar una edición autorizada de este libro y por respetar las leyes del *copyright* al no reproducir, escanear ni distribuir ninguna parte de esta obra por ningún medio sin permiso. Al hacerlo está respaldando a los autores y permitiendo que PRHGE continúe publicando libros para todos los lectores.
Diríjase a CEDRO (Centro Español de Derechos Reprográficos, http://www.cedro.org) si necesita fotocopiar o escanear algún fragmento de esta obra.

Printed in Spain – Impreso en España

ISBN: 978-84-01-33676-8
Depósito legal: B-47.641-2008

Compuesto en Lozano Faisano, S. L.

Impreso en Liber Digital, S. L.
Casarrubuelos (Madrid)

L 3 3 6 7 6 C

Índice

Agradecimientos 9
INTRODUCCIÓN: Diálogos en Cardona 11

LA HIERBA CRECE DE NOCHE 19
Para dialogar, parar 21
El infarto social 25
La educación emocional y el efecto placebo 34
Genética, determinismo y libertad 43
La fuerza de lo pequeño 51
«En mi hambre mando yo» 59

LAS TRES PREMISAS DE LA FELICIDAD 61
El torbellino de la pasividad 63
Dominar sin dominarse 71
Invertir en tu talento 78
La ética del deber o de la responsabilidad 85
La aportación social 88

ENTRE DOS MUNDOS 99
De la depresión al estrés 101

La trampa del orden natural 114
La receta: relajación – ejercicio físico – reflexión . . 121
Mundo natural – mundo cultural 124
El poder cognitivo del cerebro 127

LA SEGUNDA VIDA 141
Jubilación o júbilo 145
Material de desecho 154
Amistad, amor, apoyo mutuo 160
La salud completa no existe 162
Promover la salud 174

CIENCIA Y SABIDURÍA 181
El aislamiento: cuna de vicios 183
Comunicación y verdad 194
Humanismo y moral 204
Dios o energía cósmica 212
Algo más 218

MORIR UN POCO CADA NOCHE 223
La bajada del telón 226
Un Dios como Dios manda 241

POSTDATA 243
EPÍLOGO: ¿Y ahora qué? 249

Agradecimientos

Como casi todos los libros, éste también es deudor de muchas personas y circunstancias imposibles de enumerar.

Destacamos únicamente a don Jaime Sebastián, director del parador de Cardona, y a todas las personas, desde las recepcionistas hasta las camareras, que hicieron grata nuestra estancia y fácil nuestro trabajo.

Asimismo agradecemos muy especialmente la inestimable colaboración de Amaya Delgado.

INTRODUCCIÓN

Diálogos en Cardona

El 19 de abril de 2007, el doctor Valentín Fuster era investido doctor *honoris causa* por la Universidad Complutense de Madrid.

A la misma hora, en el Círculo de Lectores también de Madrid, José Luis Sampedro recibía un homenaje organizado por la editorial Random House Mondadori con motivo de su noventa cumpleaños.

Al recibir las invitaciones respectivas, ambos lamentaron no poder asistir al evento del otro, pero como el homenaje a Sampedro se alargó más de lo previsto, el doctor Fuster logró colgar el birrete y llegar a tiempo para felicitar a José Luis Sampedro y escuchar su respuesta.

Todos los asistentes al acto quedaron hondamente impresionados por ese intercambio de palabras.

¿Por qué? ¿Porque son amigos y se quieren? Sí. ¿Porque son sabios? También. ¿Por algo más? Sin duda. En aquella sala repleta de admiradores, discípulos, colaboradores y familiares de JLS, muchos habían tomado la palabra para manifestar su cariño y respeto al homenajeado. Todos ellos quieren, y la mayoría conocen, a José Luis Sampedro tanto o más que el doctor Fuster; no pocos son también figuras relevantes en su campo; algunos nos habían hecho reír, otros nos emocionaron, nos refrescaron la memoria, pero ese silencio de respiración contenida de los buenos conciertos, esa atmósfera especial que a todos nos marcó, se produjo cuando Valentín Fuster tomó la palabra. ¿Cuál era el secreto? En mi opinión que los asuntos de «vida o muerte» siempre dejan su huella y el encuentro entre una persona que años atrás superó un momento crítico y el médico que lo atendió suele estar cargado de una emotividad y un sentimiento de amistad distinta de cualquier otra.

Ignoro si los editores tuvieron en cuenta el dato, si recordaron el libro que José Luis Sampedro escribió con motivo de su estancia en el hospital Monte Sinaí de Nueva York donde conoció a Valentín Fuster, o si simplemente quedaron deslumbrados, pero algo quedó claro: querían más. ¡Que se sienten, que sigan hablando, hagamos un libro! Se iban animando unos a otros y, finalmente, surgió la propuesta concreta: que Valentín Fuster y José Luis Sampedro se sienten a hablar en presencia de Olga Lucas para que ella nos describa y nos transmita lo oído, vivido y percibido.

Que hablen de la salud, de la enfermedad, de la vida y la muerte, del ser humano como ser biológico y como ser social, del mundo en el que vivimos, de lo que quieran y sepan, pero que hablen. Queremos seguir escuchándoles, queremos aprender, emocionarnos, imbuirnos de esa atmósfera especial que se crea en torno a ellos.

Nos contagiaron su entusiasmo: se consultaron agendas,

se barajaron fechas y lugares y, finalmente, en los primeros días de agosto de 2007, Valentín Fuster y José Luis Sampedro se reunieron en el castillo de Cardona para charlar y «hacer un libro».

El sentido de estas líneas preliminares, además de contarles la génesis de este libro, debería ser la presentación de los autores. Tarea fácil y difícil a partes iguales. Fácil porque al tratarse de dos personas sobradamente conocidas no es necesario pasar horas navegando en internet ni consultar las hemerotecas en busca de documentación acerca de ellos. Difícil porque ¿qué les digo que no sepan ya? La interminable enumeración de cargos, méritos, distinciones y publicaciones pasadas y presentes o la reiteración de las no pocas entrevistas concedidas a los medios sería absurda, pues la mayoría de ustedes han decidido leer este libro precisamente porque saben quiénes están hablando, porque les conocen, admiran y desean «oírles» a través de estas páginas.

A cambio, les desvelaré un poco la trastienda: cómo les he visto en la distancia corta, qué me han parecido, cómo creo yo que son, qué les une, en qué se parecen, en qué coinciden y en qué disienten.

Si tuviera que elegir una única palabra para definir a Valentín Fuster, a José Luis Sampedro y a sus conversaciones, elegiría «sabiduría». Son sabios porque ambos persiguen la sabiduría, conscientes de no alcanzarla. Si se me permitiera una segunda palabra, pondría «bondad» en el sentido machadiano del término. Son buenos porque ambos viven con responsabilidad su profesión y su lugar en la sociedad, ambos tienen el sentido del deber humano como contrapartida al derecho humano, es decir, distinguen entre derechos, deberes y valores humanos. Estas dos cualidades engloban a las demás: son reflexivos, observadores y entregados, amantes de la vida, apasionados por el ser humano y el fenómeno social, por la búsqueda de soluciones a los males que nos aquejan. Son humanos y humanistas: con la misma humanidad y entrega que el doctor Fuster atiende a sus pacientes, trataba José Luis Sampedro a sus alumnos. Y puesto que la palabra «vividor» ha adquirido unas connotaciones injustamente negativas, diré que son vitalistas.

Tal vez alguien eche en falta el adjetivo «humilde». Sí, lo son, pero después de haberlos descrito como sabios, hablar de su humildad sería una redundancia. ¿Acaso puede alguien concebir a un sabio petulante, arrogante, sentando cátedra en posesión de la verdad? No es el caso, les aseguro.

Son sabios, se quieren, se respetan y se admiran hasta el punto de sentirse honrados por trabajar juntos en este proyecto, deseosos de contribuir a un mundo mejor. Comparten la creencia de que será imposible conseguirlo sin la educación, la cultura y la transmisión del saber. A lo largo de estas páginas ya irán ustedes descubriendo hasta qué punto se sienten obligados con la sociedad. Y a lo largo de estas páginas descubrirán también las diferencias de enfoque.

El médico e investigador trata con personas, con individuos uno a uno, realiza estudios, ensayos y proyectos con grupos o comunidades reducidas; el economista y escritor estudioso de lo social reflexiona y trabaja con datos globales.

Parece más fácil ser optimista al tratar personas individualmente. Más de una vez se oyen exclamaciones como ésta: «¡Pero si hay mucha gente buena, más de la que creemos, lo que pasa es que no son noticia!». Pero cuando se escucha el telediario, se leen los periódicos o se asoma una a las estadísticas, el mundo y sus gobernantes parecen mucho peor.

De ahí la importancia de este libro: sus autores nos ofrecen visiones complementarias sobre la salud del individuo inserto en la sociedad actual.

Que ustedes disfruten y aprendan leyéndolos, tanto o más que yo escuchándolos y redactando el texto final.

OLGA LUCAS

La hierba crece de noche

Al fin, Valentín Fuster y José Luis Sampedro consiguen encontrarse. Intercambian saludos, las preguntas y respuestas de rigor «cómo estás, qué tal te encuentras, te veo muy bien, la familia, bien, gracias, todos estupendamente» y sin perder más tiempo se sientan a trabajar con la seriedad que les caracteriza.

Yo diría que es algo más que seriedad. Es también la tensión del reto intelectual. Este proyecto les ilusiona, no cabe duda, pero cada uno de ellos tiene al otro en tan alta estima, se valoran tanto mutuamente que ambos dejan traslucir la inquietud de «estar a la altura». Tensión que se disipa en cuanto dejan de dar rodeos y entran en materia.

PARA DIALOGAR, PARAR

—Tú estás al comando, José Luis —rompe el fuego el doctor.

—Es lo que se dice hacer de telonero; pues bien, lo hago con mucho gusto. Empezaré por referirme al lugar porque creo que tiene cierto significado simbólico. Además, antes de nuestro diálogo, es imprescindible parar, librarnos de afanes cotidianos, de la vorágine que nos aturde.

Para ello nos hemos acogido al parador de Cardona, en la antigua Marca Hispánica de Carlomagno, monumento secular, una gran construcción medieval que fue palacio, fortaleza y monasterio a un tiempo: los tres poderes máximos. Los tres se desvanecieron aquí. Ahora el parador acoge el poder de la palabra con la firmeza de sus murallas y el espíritu de su iglesia milenaria. Hemos admirado esa colegiata, su bóveda sobre recias pilastras que el arte románico lombardo logró levantar hacia la altura infundiendo serenidad al impulso y solidez al silencio.

Cualquiera que sea su historia, hoy es esencialmente un ejemplo extraordinario de estabilidad, de permanencia, de armonía. Por eso me parece que es lugar adecuado para nuestros fines. Instalados en un recinto que, pese a sus orígenes como templo de poder político y militar, introduce hoy el germen de la serenidad, tan necesario para la reflexión.

Sí, el valor simbólico de Cardona nos ayudará a pensar mejor sobre un tiempo que, creo, a los dos nos parece inquieto, agitado, crispado, retorcido... Por lo que a mí respecta, al menos, me encuentro profundamente alarmado y descontento con el mundo en que vivo. Y lo estoy no tanto por lo que a mí me afecte, porque yo en mi vida no tengo mucha queja. Pero tengo un nieto, como otros tienen sus hijos y nietos; todos tenemos una generación que nos sucede. Me pregunto hacia dónde va esa generación, qué va a ser de ella. Y me pregunto también: ¿qué estamos haciendo?

Ahora, si me permites, antes de terminar, cederte la palabra y oírte, quiero decir que me hace mucha ilusión colaborar contigo en este proyecto. Te lo digo con toda franqueza. No hace falta explicar las razones, desde que nos conocemos ha funcionado eso que llaman «la química». Yo te debo el estar vivo todavía. En un momento dado fuiste decisivo en mi vida. Luego, además, hemos coincidido en muchas cosas, de modo que esta oportunidad es en cualquier caso una suerte. Es una gran fortuna para mí el poder reflexionar contigo sobre estos temas.

En lo que tú cultivas soy un ignorante. De lo que yo podría saber un poco más que tú, por haberme dedicado más a ello, es en la organización social, el sistema de vida que tenemos. Con eso, repito, estoy descontento. No sé qué piensas tú.

—Bueno, ante todo para mí es un honor que hayas tenido la delicadeza, el riesgo de intentar escribir un libro conmigo. Por otra parte, sí, efectivamente, tú y yo tenemos una química, nos entendemos muy bien, nos entendimos desde el momento en que nos conocimos. Seguramente por eso coincido contigo en que es interesante hablar aquí, en este lugar que acabas de describir y también con tu expresión «para dialogar, parar».

Como bien sabes, se nos ofreció hacerlo en Madrid y cuando yo me lo planteé, vi claro que en una ciudad que ha crecido enormemente, no me encontraría sereno. Pese al aprecio que tengo por Madrid, allí echaría en falta la serenidad de este ambiente. Elegimos este parador para que los dos estuviéramos relajados. Y bueno, pues aquí estamos. Tus palabras al respecto me tranquilizan porque yo, como hijo adoptivo de Cardona, de sobra conocía las ventajas de su entorno, pero tú no. Me alegra constatar la coincidencia.

¿Qué puedo aportar yo? ¿Cuál es mi fuerte? La observación, como médico, de la tragedia e incertidumbre humana. Y la observación de la biología humana, como investigador.

A lo largo de estos treinta y cinco años dedicados a la profesión, he sido un observador de lo que yo llamaría la incertidumbre, la tragedia manifestada por la enfermedad, la incertidumbre que la enfermedad trae consigo. He podido observar todo tipo de gente de todas las culturas, he trabajado en distintas instituciones y básicamente he llegado a elaborar una especie de filosofía personal con respecto a la personalidad de los que andamos en este mundo. Mi filosofía es el resultado de una combinación entre Aristóteles y Platón.

Es decir, por una parte soy muy pragmático y me gusta la acción. La acción que tenga una motivación, una especificidad, un objetivo: éste sería mi lado aristotélico. Por otra parte, creo mucho en lo que podríamos definir alma humana, espíritu, humanismo; eso es lo que llamo mi parte platónica y a esa parte le doy mucha importancia.

En consecuencia, y a modo de introducción, te diré que para mí la salud es precisamente un estado de equilibrio corporal y emocional, pero de esto hablaremos luego con más detalle.

—Me parece muy bien, comparto muchas cosas que acabas de decir, pero quisiera apostillar otras.

Me encuentro con la suerte de poder cambiar impresiones con alguien que sabe mucho de lo que yo no sé nada: el hecho de la salud, definido por ti como el equilibrio de la persona y sus actividades. Yo me veo menos eficiente, soy un poco más contemplativo, menos de acción que tu «yo aristotélico», pero eso es secundario, no entra en la cuestión.

El infarto social

—Como introducción —continúa Sampedro— voy a proponerte una imagen atrevida que no sé si compartirás o no. Verás, cuando yo leía en tu libro la descripción del infarto, tus advertencias y explicaciones elementales acerca de los síntomas, para aprender a distinguir cuándo una persona debe acudir o no al hospital, yo, en paralelo, pensaba que desde el punto de vista social también estamos al borde del infarto. Veo la sociedad a punto de infartar. No sé si te parecerá muy osado por mi parte hablar de «infarto social», pero deja que te explique.

Vaya por delante que cuando hablo de sociedad no estoy hablando de la humanidad, estoy hablando del sistema de vida occidental porque, claro, el ochenta por ciento de la humanidad es otra cosa, algo que no deberíamos, y sin embargo solemos, olvidar porque los occidentales padecemos de un egocentrismo terrible.

Estableciendo un paralelismo entre lo que sucede en lo individual y lo que sucede en lo social, yo diría que la sociedad está en grave riesgo de infarto.

Para no ser demasiado técnicos, tomemos como ejemplo el automóvil: los atascos que sufrimos pueden parecerse a los atascos que se producen en el sistema circulatorio. Comparo la imagen de las arterias y el colesterol adherido a sus paredes con muchas calles urbanas de Madrid, o de donde quieras, y me encuentro que en las aceras, que vendrían a ser las paredes de la calle, está todo ocupado por lo que serían las moléculas de colesterol, los coches. Es decir, las calles y carreteras se atascan igual que las arterias y el sistema circulatorio.

Otro ejemplo podrían ser los apagones en las grandes ciudades. Recientemente en Barcelona, el año pasado en Madrid y en otras ocasiones fuera de España, Milán, Nueva York y otras. Pues ésa es otra circulación que se atasca porque la demanda de consumo crece más rápidamente que los cables o circuitos por los que debe fluir. Se dice: no, ha sido un accidente puntual. Pues igual que en la vida humana: el infarto equivale a un accidente circulatorio debido al exceso de grasa que impide el fluir de la sangre por las arterias. De la misma manera que los accidentes del ser humano en el sentido biológico son más o menos frecuentes y más o menos graves, según la vida que lleve la persona (como explicas en tu libro, dependiendo de su alimentación, de si hace deporte o vida sedentaria, si fuma, bebe, padece estrés y demás), de la misma manera, digo, también en la sociedad los accidentes pueden ser más o menos previsibles en función del ordenamiento social y del modo de vida elegido y proyectado.

Siguiendo con el ejemplo de las eléctricas: ¿qué quiere decir que la demanda crece más deprisa que las inversiones de las empresas? Sencillamente que se confía un servicio público a un sector privado con ventajas de monopolio y posibilidad de ganancias tremendas, como ellas mismas publican sin rubor incluso en los momentos del apagón. En lugar de invertir lo necesario en función de las previsiones de crecimiento, se reparten los beneficios.

Bien, podría seguir con más ejemplos, pero creo que es suficiente para ilustrar mi símil. Yo veo la sociedad en la misma forma de estado de riesgo del que tú hablas en relación con la salud; hablas de desequilibrio, de inquietud, de incertidumbre por la enfermedad. Bueno, la sociedad actual tiene, no ya incertidumbre, tiene miedo. A mí me asombra, verdad, que la sociedad del país más poderoso y con la mayor potencia militar del mundo, tenga miedo. Y lo tiene. Eso es tremendo. De modo que yo hablaría tranquilamente del riesgo de infartar y eso me parece motivo de inquietud para el futuro.

—Sí —retoma la palabra el médico—. Yo estoy completamente de acuerdo contigo en que estamos viviendo en un mundo que parece haber perdido la brújula del razonamiento. Estamos viviendo en un mundo muy acelerado en el que, como contrapartida, el hombre está actuando de una manera muy pasiva. En otras palabras, es un mundo súper acelerado en el que no hay tiempo para la reflexión; simplemente parece que todos debemos subir al tren, sin saber cuál es el destino y cuanto más rápido, mejor.

Éste es un problema de la tecnología moderna. Fíjate, José Luis, el problema de la tecnología moderna es que, por un lado, ha ayudado muchísimo en muchas cosas. Hace unos años, no veíamos la manera de alimentar el mundo; hoy, con la tecnología disponible, podríamos sintetizar alimentos para abastecer a los habitantes del mundo entero. Éste sería un ejemplo de faceta positiva de la técnica, pero la parte problemática es que se ha llegado a depender excesivamente de la técnica.

Tú has mencionado el apagón de Barcelona, yo te puedo hablar del 11-S en Nueva York. Gracias a un sistema de comunicación impensable hace no tantos años, se pudo llevar a cabo semejante acto de terrorismo, es decir, que el avance tecnológico sirve para ambas cosas: para salvar vidas y también para mejor atentar contra ellas. Y eso hace que el mundo, además de acelerado, sea cada vez más vulnerable, que es lo que tú estás diciendo.

Aquí, el diagnóstico del problema parece claro; lo que me planteo continuamente, pero continuamente, de una manera obsesiva, es ¿dónde está la solución? De una manera simplista, uno diría: bueno, tenemos que volver al mundo primitivo, pero el problema es ¿cómo? ¿Cómo volver al mundo primitivo? A menos que éste desaparezca y se empiece de nuevo, ¿cómo podemos nosotros retroceder? Desde un punto de vista superficial, podríamos pensar: bueno, llevamos cuatrocientos millones de años y hemos sobrevivido, pues seguiremos sobreviviendo. Pero esa respuesta no satisface.

Por otra parte, cuando ves lo que está ocurriendo y hablamos de infarto, es curioso señalar que el infarto no existía hace quinientos años, es decir, no hay duda de que estamos hablando de una enfermedad moderna, de una enfermedad extendida de forma explosiva en los últimos cien años. Eso vendría a corroborar tu pensamiento de que el mundo acelerado se está infartando. Creo que ese paralelismo es acertado porque es precisamente todo ese mundo acelerado el que nos lleva a descuidar, a no tener en cuenta nuestro propio organismo. Cuando hablamos de factores de riesgo como el tabaquismo, cuando hablamos de la obesidad o de la tensión arterial, nos estamos refiriendo a una sociedad de consumo en la que aparecen unos factores para los que el organismo no estaba preparado. No saber manejar esta situación es lo que lleva al infarto de miocardio. Por eso el paralelismo que estableces es más que un paralelismo; hay una relación directa entre una sociedad de consumo y su herencia, una sociedad con infarto de miocardio.

Es un tema del que tenemos que hablar largo rato, porque a mí lo que más me preocupa no es que esta sociedad entre en infarto, lo que más me preocupa es el sistema extrañamente pasivo en el que está entrando la sociedad. Los niños ya no corren, solamente miran las computadoras, están continuamente con los teléfonos móviles y juegos electrónicos o frente al televisor. Se está configurando una sociedad que no se mueve, una sociedad en la que te consumes sin tan siquiera darte cuenta de ello. El problema es ¿cómo invertir los términos? Quiero decir, cómo volvernos nuevamente activos. Debemos reflexionar sobre esto, sobre cómo llevar a cabo esta inversión. Yo soy básicamente un optimista. Más adelante veremos cómo, si es que podemos, dar esa vuelta.

—¡Uy! Todo esto me sugiere muchas cosas, pero para no dispersarnos y mantenerme dentro de lo que tú apuntas, sin abrir ahora otros temas, me quedo en tu pregunta: ¿dónde está la solución para una vuelta atrás? Yo no creo que se pueda volver atrás; hay que plantearse otros estados de equilibrio, no la vuelta atrás. Hablas y, con mucha razón, de pasividad de la sociedad, pero es una pasividad con sacudidas porque, en medio de todo, de pronto, surgen unos apasionamientos tremendos. Por poner un ejemplo, junto al pasotismo joven (y no tan joven) tienes de pronto esta febrilidad por el fútbol o por fenómenos parecidos. Es una irracionalidad brutal que en este momento, disponiendo de medios de comunicación instantáneos y de transportes rápidos, pudiendo dar la vuelta al mundo no en ochenta días como en la novela de Julio Verne, sino en ocho horas o menos (creo que en vuelo sin motor se ha dado en ocho días), bueno, ¡que con esos medios la ocurrencia de los gobernantes para hacer frente a los problemas sea levantar muros! La construcción de murallas es una idea claramente medieval y vivimos en un mundo donde la tecnología exige y casi impone la unidad global. En el campo de la economía y la globalización se dice «esto es inevitable porque la técnica impone la unidad mundial», pero luego resulta que Estados Unidos construye el muro con México, España pone vallas en Melilla frente a Marruecos, se levantan muros en Palestina, Pakistán, en todas partes, ¡caramba! Es una irracionalidad total.

¿Se puede volver? Lo veo difícil y trataré de ilustrarlo brevemente. En este momento estamos viendo un cambio muy profundo en las potencias mundiales con la irrupción, la emergencia brutal, de China y de la India. Bueno, China y la India son dos civilizaciones de cuya cultura, muy antigua, hemos hecho muy poco caso. En Occidente, hacemos muy poco caso de otras culturas. Yo, en mi modestia, me he interesado lo que he podido. Me ha gustado leer y he aprendido que su punto de vista básico es completamente distinto del occidental. El occidental tiene frente al mundo exterior un afán de dominio, de modificarlo, de aplicar la técnica, la acción, en suma, voluntad de transformación. El oriental, por lo menos en culturas tan importantes como las de China y la India, es otra cosa. En lugar de la transformación del medio, en China tradicionalmente se ha perseguido la adaptación al mismo. El Tao busca la armonía, la adaptación, ser como el agua, no transformar la vasija donde se vive, sino acomodarse a ella.

Teniendo en cuenta que China e India representan la quinta o sexta parte de la Humanidad, en teoría, cabría pensar que en un mundo unificado, sin murallas y más permeable, la cultura oriental podría influir y modificar la mentalidad de Occidente. Pero en la práctica, tampoco vale este planteamiento. No podemos, desde nuestro nivel económico, decirle a las multitudes hambrientas de China e India: «Pongámonos todos a adaptarnos al medio sin transformar nada», porque eso supone para ellos seguir sin comer. No sé si me explico.

¿Qué puede pasar en China dentro de treinta o cuarenta años? Por desgracia ya se están capitalizando y mercantilizando, en cierta medida. Sí, queda el campo y quedan muchas cosas, pero se está imponiendo el sistema de producción y transformación occidental. ¿Cómo decir a esas multitudes «no, no hay que crecer tanto»? Leo artículos de economía abogando por frenar el desarrollo. Sí, suena bien denunciar que esta sociedad irracional no tiene sentido del límite, como lo tenía el mundo clásico. Pero ¿quién impone el «basta» a los hambrientos cuando no hay voluntad de redistribución? No, retornar al pasado me parece muy difícil; en cambio, habría que buscar un nuevo estado de equilibrio. Creo, además, que a lo largo de la historia se ha ido progresando de esa manera, buscando nuevas formas.

Ahora bien, me temo que me pasa un poco lo que a ti: tampoco yo sé cuál sería ese estado de equilibrio y mucho menos cómo se alcanza. Tengo claro que las soluciones requieren cambios mentales, cambios de actitud por parte de todos. Al final de tu libro *La ciencia de la salud*, hablas de una aceptación de valores tendentes a restablecer un equilibrio en el desarrollo económico. Sobre este punto seguramente tendremos que volver, pero de entrada te digo que todo lo que se está escribiendo, diciendo y haciendo de ayuda al desarrollo es falso. Es mentira. Con las ayudas actuales nunca será posible igualar el nivel de los unos a los otros. Sin una redistribución de los recursos mundiales, no es posible.

Bueno, evidentemente, hay tendencias a esa redistribución en Occidente, pero son mínimas y carecen de poder suficiente.

Resumiendo: estoy de acuerdo en lo que has dicho, pero el problema de volver al pasado me parece difícil. La historia no retrocede, quema etapas. Ahí está el ejemplo de la Primera Guerra Mundial: lejos de restablecerse el orden, como algunos creían, pronto se vio que no, que aquel mundo se acababa y empezaba otra etapa de la historia.

El planteamiento sería más bien: analizar el abanico de los diferentes caminos posibles y elegir el mejor.

Me queda comentar lo de la pasividad...

—Sí, pero antes de entrar en ello —interrumpe Fuster— y al hilo de lo de volver al pasado, voy a contarte una anécdota:

Tengo un amigo que desgraciadamente murió, un gran científico americano... Un día, hablando con él, le pregunté: «Si ahora pudieras pedir algo como científico, si tuvieras y pudieras pedir alguna cosa en beneficio de la Humanidad, ¿qué pedirías como científico?». Y me dijo: «Como científico no sé qué decirte, pero lo que sí me gustaría es volver siglos atrás». Yo le contesté lo que tú acabas de decirme. Le dije: va a ser imposible. Pero el profesor Spaet, que así se llamaba, me hizo reflexionar muchísimo.

La cuestión estriba en ¿cómo podemos transformar lo que está ocurriendo? Y aquí viene un tema que me gustaría apuntar a modo de índice para la discusión. Y es el siguiente: el hombre siempre se ha caracterizado por un afán de supervivencia. Habría que distinguir entre dos tipos de supervivencia. Por un lado la supervivencia física, natural, y por otro, la supervivencia algo más difícil de definir, podríamos llamarla supervivencia emocional, la que ha llevado a los grandes egoísmos, egocentrismos, ambiciones, extremismos, etc., porque, en realidad, no es más que una supervivencia con afán de dominio.

La educación emocional y el efecto placebo

—La pregunta que yo me he hecho recientemente —sigue reflexionando Fuster— basada en mi experiencia médica es la siguiente:

Yo he tenido ocasión de ser médico de gente que la sociedad ha definido como personas triunfadoras, de éxito. Digo la sociedad porque ésa no es necesariamente mi definición del éxito. Me refiero a individuos que han fundado y desarrollado industrias, han triunfado en todo tipo de medios de comunicación, gente que ha tenido mucho éxito en sus negocios, que se han sentido poderosos e influyentes —a quienes podríamos calificar de egocéntricos—, pero un buen día han caído enfermos repentinamente. Un súbito e inesperado infarto de miocardio. Entonces, cuando empiezas a dialogar con este tipo de pacientes, descubres que, en general, es la primera vez que su ego se encuentra vulnerable. La vida tiene constantes vulnerabilidades pero hay una que es muy real y es cuando uno pierde el dominio de sí mismo. Uno puede divorciarse, puede tener una mala racha económica, problemas familiares y de toda índole, pero en esos casos mantiene un cierto dominio sobre la situación, puede dominar y encontrar soluciones. El verdadero problema surge en el momento en que tú no dominas, como es el caso del infarto o cualquier enfermedad repentina e invalidante.

En ese trance, estos individuos que hemos descrito como de éxito llegan al hospital en un momento en que han perdido completamente la brújula, el sentido, su ego. Se encuentran en una gran incertidumbre y es durante este período, si el médico se interesa por el enfermo, como es nuestra obligación, cuando aparece una segunda capa que no sólo impacta a la supervivencia física sino también a la supervivencia emocional. Es muy interesante porque en ese momento de vulnerabilidad absoluta estos pacientes se replantean muchísimas cosas de su vida, se preguntan cómo la han enfocado, qué han hecho, cómo han llevado la vida familiar, el trabajo, las relaciones con los amigos. Necesitan sobrevivir no sólo a la enfermedad sino también a todo lo que por primera vez se les plantea, al enfoque distinto que deben dar a sus vidas.

Encontrarme con este fenómeno una y otra vez me ha dado mucho que pensar y es lo que me lleva a la pregunta que intento formularte: ¿podríamos modificar el factor de «ego» o supervivencia emocional, que se derrumba en momentos de crisis, mediante la educación, desde la infancia? ¿Podríamos inculcar a los niños desde pequeños el concepto de utilidad social? ¿Podríamos conseguir que el individuo se plantee si puede ser más útil en la sociedad en la que vive de una manera constante y natural, mucho antes de enfermar o entrar en crisis? ¿Podríamos con ello prevenir en parte la crisis emocional? Lo que hoy asume el adulto a través del infarto ¿podría asumirlo el niño mediante un proceso educativo?

Yo creo en lo que Teilhard de Chardin llamaba el «punto omega», es decir que, a pesar de todo lo que está pasando, el mundo tiende a una cierta perfección positivista. Tal vez estas culturas que tú mencionabas ayuden a este proceso, porque frente a la cultura occidental que ha sido el capitalismo, el poder, el dominio, estas otras culturas (que emergen de manera acelerada y a las que no hemos prestado atención porque no nos ha interesado) puedan contribuir a un cambio en nuestra escala de valores, a un cambio de prisma. Tal vez nos ayuden a dotar a la sociedad de una visión más favorable al alma humana, a la espiritualidad, como lo quieras llamar, ¿no? Ahí es donde tengo puesta la esperanza.

Fíjate, he puesto mi esperanza en un hecho que puede adquirirse; que ahora yo lo veo en momentos de crisis de la enfermedad, pero que podría venir de una manera espontánea a través de sistemas y de culturas que tengan otros valores, donde el más importante de ellos no sea necesariamente el dinero, la fama, el poder. Es decir, estoy de acuerdo con tu concepto, no podemos ir hacia atrás, pero podemos transformar nuestros objetivos.

—Sí, en eso coincidimos: la educación es la vía esencial, y de lo que dices aprendo cosas que ignoraba. Estamos básicamente de acuerdo, pese a que la visión desde mi campo resulte más cruda que desde el tuyo. Y el tema de las emociones me interesa mucho.

Toda la vida he dicho «siento, luego existo» en lugar del «pienso, luego existo» de Descartes. El niño chiquitito, antes de razonar y hacer silogismos, siente, y hasta parece que antes de nacer también, ¿verdad? La emoción es la base de la motivación humana. Luego nos hacemos racionales cuando queremos utilizar esa emoción. Uno se enamora de una chica, la ve, se queda fascinado, y luego lo racionaliza. Sí, me gusta por esto, lo otro o lo de más allá...

En mi juventud, en un grupo de amigos, había uno que siempre estaba despotricando en contra de la mujer, ninguna le parecía bien, criticaba a todas las novias de los del grupo y, mira por dónde, un buen día, apareció con novia. Nos quedamos todos estupefactos porque él que era un hombre muy exigente en belleza nos presentó a una chica vulgarísima, que nos dejó impresionados precisamente por ser «del montón». No podíamos comprender qué le había encontrado, menos aún cuando nos lo explicó. Dijo: «¿Os habéis fijado qué orejitas tan monas tiene?». Soltó eso y nos dejó patidifusos. Está claro que encandila la emoción y luego, movido por esa emoción, se racionaliza todo lo demás: estatura media, orejas monas, me conviene, etc. Recuerdo esta anécdota extrema y un tanto estrambótica sólo a modo de ejemplo, para ilustrar el poder de las emociones.

Quiero decir también que en los pueblos primitivos es más fácil mover emociones, porque viven más cerca de la naturaleza. Vivir más cerca de la naturaleza es vivir más cerca del cuerpo. Y a mí, vivir cerca del cuerpo me parece importantísimo, teniendo en cuenta que al hablar del cuerpo incluyo a la mente, porque no nos damos cuenta, pero el ser humano vive en realidad en dos mundos distintos, pero simultáneos e implicados el uno en el otro. El mundo natural, que es el mundo de las cosas, y el mundo cultural que es el mundo de las palabras. El mundo cultural, todo esto que nos rodea, lo hemos construido, lo hacemos gracias a la palabra. Pero la palabra nos lanza a imaginar cosas, a fantasear y a crear una civilización como la nuestra, dominante y transformadora. Creemos que podemos hacer lo que queramos con las cosas y las cosas nos dan en las narices. Vivir cerca del cuerpo me parece que es estar más cerca de la vida, estar más cerca de lo natural y por tanto, moverse por un terreno más seguro, porque la fuerza del poder es dominar los medios, controlar imaginaciones. Yo creo que, pese a apariencias contrarias, es mucho más difícil engañar a pueblos primitivos. Se les puede engañar en cosas secundarias pero no en lo esencial.

Por ejemplo, moviéndose uno por el campo sin salir de España, cuando yo andaba por las tierras del Alto Tajo para escribir una novela, me encontraba con unos tipos humanos, que serían analfabetos, serían lo que quieras, pero tenían los pies sobre la tierra, estaban bien plantados, y sabían lo que está bien y lo que está mal. Recuerdo que en un pueblecito donde conocían a mi familia, pero a mí no, acudí a misa y me coloqué al fondo de la iglesia porque no conocía a nadie. Se me acerca un hombre y me dice: «Oiga, vaya usted delante que a usted no le pertenece estar aquí». Obviamente, son anécdotas vividas en una sociedad muy jerarquizada, no la añoro, tampoco es que defienda los privilegios de clase, no. Lo que reivindico es el respeto de unos por otros. Y en esto hemos retrocedido; la falta de respeto es una gran carencia en la convivencia actual.

—Seguro —asiente Fuster.

—Falta de respeto a las cosas, falta de respeto a la naturaleza, falta de respeto a los demás, a los pobres, incluso falta de respeto a sí mismo.

También el respeto a los mayores. Olga recuerda con frecuencia el respeto a mi edad testimoniado por los asistentes africanos a la Universitat d'Estiu d'Andorra durante los casi veinte años que presidí esos encuentros.

—Respeto que ya no existe entre nosotros.

—Sí, nosotros, desde nuestro eurocentrismo, nos creemos superiores, pero ellos tienen mucho que enseñarnos. Recuerdo un día en que un conferenciante africano hablaba de la poligamia. Según decía, pese a estar ya abolida en muchos países africanos, las autoridades hacen la vista gorda porque siendo una costumbre tan arraigada, el partido que la persiguiera severamente perdería las elecciones. Ante las sonrisas malévolas del auditorio, se detuvo y mirándonos fijamente dijo: «Ya sé, a ustedes aquí, en la cultura occidental les parecemos incivilizados, pero en nuestra cultura lo que parece incivilizado es abandonar a los mayores, algo que ustedes hacen». Y, claro, cesaron las risitas.

Ciertamente, en materia de respeto y dignidad el «progreso» es más bien un retraso. Cuando veo cómo se envilecen algunos políticos diciendo ciertas cosas, pienso: «¡Hombre, cómo no tienen sentido de la dignidad!». La idea de dignidad se ha perdido.

Por eso recalco la importancia de las emociones, porque las emociones conducen a paradojas como la de reírte del negro y abandonar a tu padre o levantar pasiones como las que despierta el fútbol y desinteresarse de la política, en el sentido que le daban los griegos, el de incidir en lo social. Personas que pasan de ir a votar porque prefieren irse a la playa, que no se movilizan, no se manifiestan ni reivindican justicia social, sin embargo, cuando se trata de un partido de liga, ahí están ellos en primera fila, haga frío o calor. De la misma forma, en el otro extremo, también hay jóvenes, como decíamos hace un momento, que emplean gustosos sus vacaciones en irse a Guatemala o a donde sea, con una ONG, a trabajar en un proyecto de cooperación. Estoy de acuerdo contigo que es ahí donde hay que incidir, hay que buscar a esa gente. Lo mismo que los políticos buscan votos en un sector o en otro, hay que buscar eh... digamos prosélitos para el futuro. Es lo que...

—Sí, tienes mucha razón en incidir en lo de las emociones. En medicina la educación emocional es probablemente uno de los factores más importantes.

En ensayos clínicos, en estudios de medicaciones en los que, como es sabido, se da medicación A, o la que se investiga como posiblemente más eficaz, o medicación B, que es el placebo o control, recientemente se ha observado al menos en quince o veinte estudios que los individuos del grupo B, o sea, los que habían ingerido placebo, vivían más tiempo de lo que podía esperarse basándonos en estudios de control. Empecé a investigar los motivos y llegué a la conclusión de que una de las razones principales de esa inesperada mejoría era el contacto, la relación del paciente con su médico. Claro, si tú estás en un estudio, el médico te llama para hacerte un seguimiento, para preguntarte si estás tomando la medicación, qué efectos notas, etc. Tú no sabes que estás tomando placebo, pero te sientes humanamente más atendido y reconfortado por ese interés de tu médico. Esto, que os cuento a modo de ejemplo, en realidad, es un problema enorme para la objetividad de los que estamos investigando. Yo mismo estoy realizando ahora un estudio sobre diabetes y constato que los asignados al grupo de placebo evolucionan mucho mejor de lo que cabría esperar en base a nuestros conocimientos. La razón es el contacto constante con el médico investigador.

En medicina, los jóvenes de hoy reciben una formación eminentemente técnica; no hay tiempo para formarlos en los valores de los que estamos hablando. Y esto, creo que es uno de los grandes problemas de la medicina actual porque, como ilustra el ejemplo del placebo, hay una interacción anímica cuya trascendencia no se puede ignorar. Yo espero que se vaya resolviendo poco a poco; no se trata ni de medicina humanística ni de *super-medicine*, se trata simplemente de hacer medicina, y hacer medicina implica darse cuenta de la gran influencia que tiene lo anímico sobre la enfermedad. En el caso del placebo, en realidad, no estás administrando placebo, estás administrando una medicina que es la relación médico-paciente.

Y esto, sin querer salirme del tema, enlaza directamente con la medicina alternativa de la que también nos habíamos planteado hablar, porque todo esto tiene muchísimo que ver con el contacto humano. ¿Me entiendes?

Tú has tocado el tema de las emociones y yo te doy mi respuesta como médico porque en medicina es absolutamente fundamental. Puedo ponerte muchísimos ejemplos.

—Mira —interrumpe Sampedro—, no los necesito porque en su día me diste el mejor de todos:

Estaba yo en un hospital de Nueva York con el corazón hecho polvo y un sábado por la noche aparece un señor, se acerca a mi cama y me dice: «Soy el doctor Fuster», ¿te acuerdas? Y empecé a mejorar... Bueno, tal vez eso sea exagerado, no empezaría a mejorar desde el punto de vista estrictamente orgánico, pero el efecto fue inmediato. Yo sé lo que es un sábado o un domingo en Nueva York. Y que a las diez de la noche el médico se tome la molestia y venga a ver cómo está fulanito que acaba de ingresar en mal estado.

—Muchas gracias.

—Nada de gracias. Fue así y lo he contado en un libro. Es hora de aclarar a los lectores que este libro en común no es el primero que hacemos juntos. En realidad, el libro *Monte Sinaí*, que pasa por ser mío, también lo hemos escrito entre los dos, estoy convencido. Pero tienes toda la razón del mundo, ¿verdad? Mi padre también era un médico del mismo estilo.

Mi padre era médico, sí —continúa Sampedro tras un pequeño inciso para constatar la coincidencia de que ambos son hijos de médico—. Del mismo estilo que tú, ¿verdad? Mi padre era un hombre que llegaba a casa y hablaba con mi madre quien, al transmitirle los recados, le hacía comentarios y manifestaba preocupación por uno u otro. Él contestaba: «No, está bien, me lo he encontrado en la calle, lo he observado caminar y me he quedado tranquilo; a mí quien me preocupa es fulanito, no me gusta su color» y cosas así.

Otro ejemplo que podríamos poner es el de la diferencia entre estudiar con ordenador y estudiar con un maestro. A mí este afán por poner a los niños delante de un ordenador en vez de un maestro de carne y hueso, que les hable, que les escuche, que les motive, no me convence en absoluto.

—¿Sabes que en el estado de Nueva York, en ciertas escuelas ya se están retirando los ordenadores?

—Me parece muy bien; aquí todavía los estamos implantando.

—Pues en Nueva York ya han empezado a dar marcha atrás porque recientemente se ha demostrado que el nivel intelectual y de efectividad está disminuyendo con este tipo de enseñanza. Y esto que ha requerido un estudio, creo que ya nos lo dice el sentido común, ¿no?

—Pero fíjate, Valentín, además del aprendizaje, están los juegos. Sustituir los juegos con los demás niños en el recreo por juegos de consola es una barbaridad. No sólo por la pasividad física contraproducente para la salud de la que hablabas, también por las relaciones humanas. Los niños aprenden a convivir mejor con las máquinas que con los demás niños. ¿Es ésa la mejor manera de educar en la tolerancia y convivencia?

Genética, determinismo y libertad

—Sí, tienes razón —asiente Fuster—, pero voy a aproximarme al tema de las emociones desde un punto de vista científico.

Vamos a ver: una de las grandes controversias actuales se plantea en torno al determinismo genético. Existe la teoría de que toda nuestra conducta se encierra en una base genética, es decir, que, en realidad, somos como máquinas pero no queremos aceptarlo. Según esta visión, estas máquinas se pondrían en marcha a través de un sistema genético que uno no ha podido escoger.

Naturalmente, existen grupos y científicos, entre los que me encuentro, con una visión muy distinta. De ahí la controversia. Creer que la genética domina tu conducta y tus emociones de manera absoluta me parece un error obvio. Todos sabemos la tremenda influencia que tiene el ambiente en nosotros. Es un factor que no se puede ignorar. Uno no se puede declarar científico e ignorar todo lo demás. Te digo esto porque desde mi punto de vista médico, basándome en la observación de los enfermos, me parece que el ambiente tiene una influencia mayor que la genética. Después de ver familias de todo tipo y de todas las culturas, he llegado a la conclusión de que el ambiente es extremadamente importante, y particularmente en la primera etapa de la vida, en la infancia. La educación recibida entre los cinco y doce años es de vital importancia, lo que se recibe en esos años es lo que se transmite más tarde. ¿Que puede haber una predisposición genética en cierto modo condicionante? De acuerdo, pero de ahí a negar la posibilidad de que nosotros podamos modelar una sociedad...

Mira, te pongo algunos ejemplos:

Yo doy clase en la facultad de medicina, es decir, trato con estudiantes desde hace treinta y cinco años. He visto pasar varias generaciones y podría comentarte algunos cambios que he visto en la sociedad americana en mi experiencia con los estudiantes. Pero mi conclusión más relevante es que si se establece un sistema de educación que los estudiantes perciben como «humanamente» efectivo para su formación, el grupo cambia. Yo he formado cara a cara, fuera del sistema oficial, a unos ciento cincuenta individuos jóvenes que posteriormente han constituido una sociedad que lleva mi nombre, VF Society (Sociedad Valentín Fuster), y que se reúne cada dos años. A la última cena, hace seis meses en Nueva York, acudieron ciento veinte de diferentes lugares del país e incluso de fuera. Bien, este grupo, los miembros de esta sociedad, son completamente distintos a otros médicos que se han formado en otro sistema. Tienen como denominador común muchos de los valores que tú has mencionado: el respeto, la dignidad. Digamos que pertenecen a una misma escuela.

En otras palabras, la influencia humanística, emocional del ambiente en nuestras conductas es incuestionable. Te he puesto este ejemplo porque, estoy seguro, tú mismo lo habrás comprobado a lo largo de tu experiencia como catedrático de universidad. Se podrían poner muchos más ejemplos de la influencia que se puede ejercer en el campo emocional.

—Desde luego, se podrían poner muchos, pero volviendo a las emociones, a lo que decías sobre la influencia genética y la influencia ambiental: estoy absolutamente convencido de que si coges un niño recién nacido aquí, te lo llevas, con sus genes y todo, y lo educas en el Tíbet, actuará, pensará y se formará como un tibetano. Absolutamente.

¿Cuál es la cuestión de los genes? Vuelvo a la idea que apunté antes. Vivimos en dos mundos, un mundo natural y un mundo cultural. Como seres humanos pertenecemos a los dos mundos. Por una parte somos seres completamente naturales, pero por otra parte, somos seres culturizados. Yo diría que somos seres culturales naturalmente condicionados. ¿Qué es lo genético y qué es lo cultural? Pues, por ejemplo, si pertenezco a una cultura en la que mi honor y el de mi familia dependen de que mi hermana no se haya acostado con nadie sin casarse, entonces la mato como hacen en algunas latitudes. Y la mato por motivos culturales. Los genes pueden determinar que yo sea un ser agresivo o una persona apacible y, en función de ello, la mataré convencido o a mi pesar, con mayor o menor brutalidad, pero la mato por imposición cultural, no genética. No sé si me explico: si la cultura me impone un acto yo acometeré ese acto, aunque en el fondo esté en contra, y en el estar o no en contra es donde puede estar la influencia genética. Ésta sería, a mi modo de ver, la consecuencia de esa diferencia entre lo cultural y lo natural.

—En ese contexto, hablando de la influencia ambiental, José Luis, ¿dónde ves tú el sentido de la libertad? ¿Tú crees en la libertad?

—¡Ah!... ¡Menudo tema!

—Es que entra de lleno en lo que estamos hablando.

—Sí, sí, desde luego.

—¿Hasta qué punto estamos influidos sólo por el ambiente y lo genético? ¿O hay algo más?

—Lo que llamamos libertad y que en España se interpreta como hacer lo que me da la gana, está siempre condicionado. Absolutamente.

En *Monte Sinaí*, «nuestro» anterior libro escrito a medias, al que me he referido antes, cuento la anécdota de aquel amigo mío que en los primeros años de la dictadura, cuando en España casi nadie tenía coche y él consiguió uno de adjudicación oficial, decía tan contento: «Ahora iré por donde me dé la gana». Y yo le replicaba: «No, tú irás por donde haya carretera, y si no hay carretera no podrás moverte en coche». Es decir, que tienes tu libertad condicionada por otras circunstancias y otros factores impuestos por la sociedad. La libertad está siempre condicionada, sobre todo si se interpreta la palabra libertad como «hacer lo que me dé la gana».

En cambio, sí creo en la libertad interior. Tú puedes ser libre dentro de ti, no fuera. Y si no sabes serlo dentro de ti, no eres libre. Creo en la libertad interior.

—Estoy de acuerdo contigo.

—El monje es libre, se encierra en el convento y parece que se acabó la libertad, y, efectivamente, se acabó la libertad, pero porque él lo ha elegido, porque es libre de hacerlo, ¿verdad? Recuerdo que escribí una reseña para la *Revista de Occidente* sobre el libro de Jorge Semprún, *Le Long Voyage*. En el artículo, que, por cierto, se cargó la censura, le sacaba jugo a una conversación entre el preso y el guardián porque ilustraba muy bien que el preso puede ser mucho más libre que el guardián. El guardián está condicionado por la mentalidad imperante y hace lo que le mandan; no tiene libertad aunque lo crea así. El preso no tiene libertad exterior, no puede salir, pero se siente libre por la convicción de sus ideas. No ha elegido estar encerrado, pero ha elegido su ideario y la defensa de unos valores hasta sus últimas consecuencias.

Personalmente, en la actualidad me siento muy libre. Y a más edad, más libertad. Ya no tengo que demostrar, no tengo que hacer carrera, tengo suficientes ingresos para vivir modesta pero cómodamente y, además, esta señora que tenemos delante y cuyo padre también hizo *Le Long Voyage*, me libra de un montón de cosas.

—Seguro.

—Sí, estamos de acuerdo. Para mí, aunque con cierto condicionamiento genético, la cultura determina casi todo. Nos modela y por eso me importa mucho lo social, porque determina nuestra conducta.

—De acuerdo.

—Por eso cuando me dices «tenemos que hacer ese esfuerzo para transformar la sociedad», yo te contesto: «Sí, pero no pierdas de vista que el poder está encima de nosotros, está aplastándonos». Ése es el gran problema, ¿verdad? Hay que cambiar esa camisa de fuerza que nos aprisiona.

—Sí, entiendo lo que dices —asiente el doctor—, pero al poder, aparte de combatirlo, también hay que saber utilizarlo. Ejerciendo un control de calidad y la debida presión social, el poder puede ser más eficiente para la sociedad. Al menos en medicina, hay algunos datos alentadores.

Fíjate, en el estado de Nueva York, se empezó a publicar el índice de mortalidad quirúrgica relativo a cirugía coronaria de los diferentes hospitales con los nombres de los cirujanos. Como consecuencia de estas publicaciones anuales, se ha cesado a algunos cirujanos y en las instituciones que no reunían las condiciones, se ha prescindido de la cirugía coronaria. Actualmente, en buena medida gracias a este control de calidad, las tasas de mortalidad en cirugía cardíaca en Nueva York son de las más bajas de Estados Unidos.

También se han introducido mejoras en la atención inmediata. Un paciente que en un determinado punto de la ciudad sufra un dolor de pecho sospechoso de infarto, no tiene que preocuparse de a dónde acudir. La ambulancia ya sabe cuál es el hospital más cercano debidamente preparado para abordar el tema del infarto. Es decir, el sistema está evolucionando hacia un sistema de calidad que permite trasladar al paciente automáticamente al lugar donde tiene más posibilidades de supervivencia. Como ves, se ha empezado a cuantificar la calidad de las instituciones sanitarias.

También la industria farmacéutica se está viendo obligada a ceder a la presión social. Más pronto que tarde se impondrá una globalización seria, más allá de la globalización económica; la sociedad no consentirá que los medicamentos contra el sida se comercialicen en Estados Unidos sin facilitar el acceso a ellos en los países económicamente débiles, pero con alta incidencia de la enfermedad. De la misma manera tampoco es tolerable plantearse asumir el impresionante gasto de administrar medicación individualizada basada en los todavía insuficientes conocimientos genéticos, cuando ni siquiera administramos de modo generalizado la medicación más primitiva, como es el caso de las estatinas en los enfermos coronarios.

Yo creo que en el campo de la salud se va a producir una globalización con impacto positivo, que no es la globalización meramente económica de la que tú hablas y escribes, con lo que dicho sea de paso, me ayudaste a preparar una conferencia como «pregón» de las fiestas de la Mercè de Barcelona, que, por cierto, la di en las dos lenguas (castellano y catalán), lo que creó una controversia que tú definirías como «cultural».

—Bueno —responde Sampedro satisfecho—, ante todo me alegra que mis trabajos hayan podido ayudar al tuyo. En cuanto a lo que cuentas y planteas, a mí todo eso me parece enormemente interesante, francamente positivo. Pero, y no quiero ponerme pesado, la realidad es terca: el poder hoy es, más que nunca, poder económico.

—De acuerdo.

—Más que nunca. La globalización es, sobre todo, desplazamiento del poder político al poder económico. Eso está clarísimo, ¿verdad? Se ha pasado de la economía de mercado a la sociedad de mercado que es en la que estamos inmersos.

Es decir, hay que apoyar todas esas experiencias, hay que caminar en ese sentido todo lo que se pueda, pero las dificultades son grandes porque el poder se resiste a dejar sus privilegios. Has mencionado los carísimos tratamientos de ingeniería genética. ¿Qué va a pasar cuando se avance en las investigaciones? ¿Habrá que acudir, como tú dices, a la presión social para evitar que sólo los ricos tengan acceso a ellos?

El dios de este sistema es el dinero y tú hablas de otro dios que es la vida. Yo también pongo a la vida mil veces por encima del dinero y mucha gente lo entiende así, pero vivimos en una sociedad mediática y en última instancia, quienes manejan los medios son capaces de manipular para convencer de lo que sea. Ejemplos de ello no faltan.

Nos hallamos en un círculo vicioso: la conciencia y presión social en las que tienes puesta la esperanza deben venir a través de la educación, y desde el poder no hay el menor interés en educarnos contra él. Pero tienes razón, hay que intentar romper ese círculo diabólico cada cual en su campo, por donde pueda.

La fuerza de lo pequeño

—Yo creo profundamente en la fuerza de lo pequeño.
—Cada vez más, es verdad —asiente Fuster.
—Mira, la globalización, por ejemplo, se ha podido hacer gracias a internet. Pero gracias a internet se hace la contraglobalización. Es decir, que se pueden utilizar los medios como en la lucha jiujitsu, ¿no? Se puede utilizar la violencia del enemigo contra él. Ésa es una de las cosas que tú acabas de decir cuando planteas «vamos a utilizar el poder de la presión social», la exigencia de esa luz contra las farmacéuticas o lo que sea.

Fíjate, voy a decir una cosa que probablemente es una barbaridad: a veces pienso que quizá algunas enfermedades son defensas de las células pequeñas contra las más complejas. Supongo que científicamente esto no es sostenible...

—Sí —interrumpe Fuster—, sí es sostenible. Lo que apuntas es perfectamente sostenible.

—A lo que me refería —continúa Sampedro— es que en el cuerpo debe haber células que se resisten a hacer lo que deben igual que se resisten algunas fuerzas de la naturaleza y reaccionan. Los pequeños pueden hacer muchísimo más, y ahí es donde veo la esperanza para las formas que sugieres. Porque me estás hablando de ser optimista gracias a grupos de alumnos, o gracias a los pueblos pobres, etc. Sí, yo creo en esa fuerza. Suelo citar con frecuencia una frase de Shakespeare en *Enrique V*: «La hierba crece de noche». Es hermoso pensar que el poderoso, cuando abre la puerta para salir de su casa, descubre que durante la noche ha crecido una hierba que no le deja salir. Pues algo de verdad hay en eso. Los pequeños se defienden.

En mi última novela, que transcurre en Tenerife, he utilizado el símbolo del Drago. El drago es una hierba. Me lo explicó el catedrático de botánica de la Universidad de La Laguna y me dejó estupefacto. El drago, que alcanza los veinte metros y seiscientos años, sólo es una hierba, porque no está vascularizado. Es una hierba de porte arbóreo porque esa reunión de fibras se ha empeñado en ser árbol. A mí ese símbolo me inspira una esperanza extraordinaria.

—Pues ahora te pongo yo un ejemplo médico acerca de lo pequeño. Un ejemplo muy interesante. Básicamente hay unas células muy pequeñas que sacan la grasa de las arterias...

—¡Ah! Cuando leí tu libro, me sorprendieron muchísimo las cosas que explicabas sobre la grasa y su utilidad.

—Bueno, pues estas células de las que te hablo y que son muy pequeñas se denominan monocitos —prosigue el doctor-investigador—, son las que sacan la grasa de las arterias y la convierten en colesterol bueno. Éste es un sistema de limpieza. Hay tres sistemas de limpieza y éste es uno de ellos. El problema aparece cuando hay demasiado colesterol malo. En ese momento las células, como ya no pueden sacar tanto colesterol malo, entienden que su misión como mecanismo de defensa carece de sentido y deciden suicidarse. Y es durante ese proceso de autodestrucción cuando empiezan a mandar productos tóxicos que nos alertan, entre ellos el factor de coagulación en el que yo trabajé. Luego el coágulo forma el infarto. De modo que el infarto surge de unas células muy pequeñas que ya no sirven para nada y deciden suicidarse, pero en el proceso liberan unos productos que coagulan la sangre. Es decir, que esas diminutas células a las que no prestábamos atención, en realidad tienen un impacto impresionante. Y después de no haberles hecho caso, ahora constituyen un campo de investigación, yo diría, obsesivo.

—Suele ocurrir. Siempre pasa eso.

—Claro, porque son células que casi no se ven, ¿entiendes? En cambio ahora, a raíz de un primer descubrimiento, es un mundo de exploración. Podría ponerte muchos ejemplos similares, pero éste de los monocitos ya es bastante elocuente para abonar tu teoría de los pequeños.

Y en la evolución social los pequeños también están adquiriendo cada vez más fuerza. Observo, sin ir más lejos, que en las escuelas de medicina los estudiantes hoy en día tienen un poder que no tenían hace veinte años. No quiero desviarme con más ejemplos, los hay a montones; simplemente te he contado lo que ocurre en el infarto.

—Resulta realmente fascinante ver cómo se coincide desde ángulos tan distintos, ¿verdad? Ahí están las termitas que son otro ejemplo. Diminutas, pero capaces de cargarse un edificio.

—Cierto, pero yo, además, creo en los pequeños pasos que puedan dar los grandes. Aunque sea como consecuencia de la presión social, al menos en medicina se están dando pasos en la buena dirección.

Cuando yo era presidente de la Sociedad Americana de Cardiología, se me ocurrió ir a las escuelas a enseñar salud como prioridad importante en la vida. La educación sanitaria debe empezar desde edad muy temprana. No pude llevar a cabo el proyecto en Nueva York, pese a que iba a realizarlo con voluntarios, porque los planes de estudios no lo permitían; no quedaba tiempo, no podían encajar una asignatura más, esas cosas. Lo puse en marcha en Colombia, país de economía media, con *Sesame Street* (Barrio Sésamo) y está funcionando de maravilla. Inculcamos a niños de edades entre cinco y diez años básicamente dos cosas: la más importante, desde el punto de vista médico, la salud como prioridad en sus vidas, y luego la tolerancia. Es una labor importantísima y lo interesante es que tras el éxito en Colombia vamos a ponerlo en marcha en otras ciudades y países, entre ellos Estados Unidos y Europa. ¿Te das cuenta? Con todo el poder que tiene o ha tenido el Primer Mundo, vamos a venir de Colombia a Estados Unidos y a Europa, ¿eh? Y lo recalco porque aquí también es el pequeño, el pobre, el que va a influir sobre el grande, el rico.

En temas de salud, los pobres nos están enseñando mucho a los ricos.

—Quizá con los países pobres sucede un poco como con los niños. Se entusiasman mucho más con lo que se les ofrece los que tienen poco que los que ya tienen de todo. Por lo que cuentas, tu experiencia al frente de la Sociedad Americana del Corazón debió de ser muy interesante no sólo desde el punto de vista estrictamente profesional.

—Lo verdaderamente interesante es haber vivido los tres niveles. He tenido la gran suerte (así lo creo) de presidir primero la Asociación del Corazón de Nueva York, es decir, una ciudad heterogénea, compleja, con grandes diferencias culturales y económicas; después fui presidente de la Sociedad Americana del Corazón, o sea de todo Estados Unidos, un país rico y poderoso y, por último, he sido presidente de la Federación Mundial del Corazón, ocupándonos sólo de países de economía media y baja. Desde la presidencia de esta federación, no hemos trabajado con economías fuertes porque el *goal*, el objetivo, es prevenir, o modificar, incidir en la prevención de la enfermedad cardiovascular ahí donde todavía no se ha extendido.

—Efectivamente, eso da una perspectiva global, una visión de la salud mundial, y al mismo tiempo, permite adquirir un conocimiento *in situ* de las particularidades locales en diferentes latitudes.

—Por cierto, José Luis, hablando de salud mundial y al hilo de lo de los pequeños, quisiera hacerte una pregunta relativa al terrorismo. Una pregunta muy precisa.

Naturalmente, tengo mi opinión sobre el terrorismo, claro, que es rechazable... que son dementes, todo lo que tú sabes y reiteramos continuamente, pero hay una cosa que no deberíamos perder de vista: es que nacen en sistemas muy débiles médicamente. Cuando hablamos de Afganistán y de muchos otros lugares, yo sinceramente creo que la medicina podría hacer mucho bien en estos países. No se le ha dado la debida importancia al simple hecho de crear más salud. La gente que nace, crece y se educa en sistemas extremadamente duros, sistemas que transforman, más bien deforman la personalidad humana, salen creyendo que están haciendo un bien por la Humanidad. Esto es un hecho.

Y la pregunta es: ¿no crees que en la lucha contra el terrorismo debería tenerse en cuenta que son elementos pequeños con gran impacto los que están creando el fenómeno terrorista? ¿No se tendría que enfocar la lucha mucho más en sus raíces en lugar de limitarse a meterlos en la cárcel, someternos a todos a férreos controles y toda esta historia de la guerra de Irak?

Te lo pregunto porque, ahora en la investigación del infarto de miocardio, cuando hablamos de los pequeños, todo el mundo se centra en la pequeña célula, en observar cómo nace, cómo crece, cómo llega a provocar el coágulo. ¿No crees que en el caso del pequeño terrorista que organiza una masacre, que viene a ser lo mismo en otro plano que el infarto de miocardio, también tendríamos que ir más a las raíces, al entendimiento, a la comprensión? ¿Entiendes mi pregunta? ¡Son los pequeños los que provocaron el 11-S y el 11-M!

—Mira, has dado en la diana; no me canso de repetirlo. En primer lugar, ¿qué es eso de la guerra al terrorismo? O no hay tal guerra o hemos cambiado el significado de la palabra. Las guerras son, o al menos eran, un choque de ejércitos y aquí no hay dos ejércitos enfrentados.

—Ya.

—Alguien ha definido la situación con una frase muy certera: «El terrorismo es la guerra de los débiles y la guerra es el terrorismo de los poderosos». Los débiles no pueden hacer otra cosa, los que ostentan el poder sí pueden crear mejores condiciones, sí pueden, aunque no quieren, redistribuir riqueza y establecer un orden social más justo y equitativo.

—Totalmente de acuerdo —asiente Fuster y señalando mi bloc de notas añade—: Muy interesante, debes escribirlo.

—Claro que habría que ir a las raíces, pero mira, los gobernantes no parecen compartir nuestra opinión. En septiembre de 2003, tras la declaración de la mal llamada paz en Irak, un conocido gobernante en una conferencia en Filadelfia sobre el terrorismo y también en declaraciones a la prensa, sostuvo su teoría sobre la inutilidad de investigar las causas del terrorismo. Al terrorismo hay que aplastarlo, dijo, no investigar sus causas. Supongo que a ti, como científico, declaraciones semejantes te pondrán los pelos de punta, ¿no? Si un médico se niega a conocer las causas de la enfermedad...

—Ya, eso está claro.

—Sin embargo, ésta es la idea del poder bruto que gobierna el mundo. El terrorismo nace, efectivamente, de la debilidad de los países, nace de los problemas económicos, nace también de la historia de humillación y de vejaciones que Occidente ha infligido a estos países. Ya los latinos decían: «Feliz el que puede conocer la causa de las cosas», pero éstos no, éstos sólo piensan en su beneficio a plazo inmediato.

—En realidad mi pregunta surge al hilo de lo que estabas diciendo del poder.

—No se puede humillar indefinidamente a la gente sin que eso traiga consecuencias. Recuerdo una anécdota que me sucedió en un viaje que hice unas Navidades con mis hijos desde Nueva York a Cancún. Estábamos en un hotelito de un lugar turístico. Un día, a media mañana, subo a la habitación en busca de algo que se me había olvidado y en ese momento una mulatita estaba arreglando el cuarto. Le pregunto: «Disculpe, señorita, ¿ha visto usted mi...?» (lo que fuere, no recuerdo lo que buscaba). Al no recibir respuesta a la primera, repito mi pregunta y entonces es ella la que repregunta: «¿Me habla usted a mí?». «Claro —contesto sin entender—, a quién si no; estamos solos usted y yo, ¿no?» «Sí —dice ella— pero, como me ha llamado señorita...» Es decir, que esta mujer no estaba acostumbrada, no concebía que nadie se dirigiese a ella con un mínimo de respeto, ¿verdad? Eso es intolerable, es para sublevarse.

—Sí, anécdotas así ilustran muy bien el tema.

—De modo que en parte el hambre, la pobreza económica y en parte lo cultural. Fíjate que la mayoría de los subsaharianos que llegan a España vienen a buscar dinero para mandarlo a sus familias; su cultura les hace querer a sus viejos y a sus familias al extremo de jugarse la vida en una patera y conseguir el sustento necesario. La inmigración, en cierto modo, es la ayuda al desarrollo organizada por los subdesarrollados: en vista de que los ricos no les ayudan de verdad, ellos vienen a buscar la cuota de bienes de la Tierra que les corresponde. Dicho de otro modo: si el dinero no va donde hay pobreza, la pobreza va donde hay dinero. Es así de elemental.

—En fin, la cuestión de la inmigración es otro tema.

—Sí, me he desviado un poco, pero no he podido evitarlo. No sólo porque, aun siendo temas diferentes, están interrelacionados, sino también porque estoy indignado. Es monstruoso. Monstruoso.

«EN MI HAMBRE MANDO YO»

—Ya para terminar —dice Sampedro—, ligado a la idea de la dignidad que alcanza a todo el mundo, y que para mí es un valor supremo...

—¿Sabes dónde he vivido yo mucho el tema de la dignidad? —interrumpe Fuster—. Sobre todo en países económicamente débiles o de economía media. Fíjate, lo he vivido en dos situaciones distintas: por un lado durante mis visitas como científico en función de mi cargo al frente de la Organización Mundial del Corazón, y por otro, con los muchos estudiantes procedentes de esos países. No hay duda de que el sentido de dignidad, de lealtad, de integridad es impresionante. Te hablo, no sé, desde Pakistán, India hasta Colombia y ciertamente países africanos. Es decir, lo que acabas de exponer, lo he vivido directamente, en la práctica y en primera persona. En Nueva York, que es un cruce de culturas interesantísimo, se puede apreciar muy bien la diferencia del sentido de la dignidad y lealtad dependiendo del origen.

—Te decía que, para concluir, viene muy a cuento una anécdota que cito con frecuencia. Es una historia narrada por Salvador de Madariaga en el prólogo de su libro *España* publicado a principios de los años treinta.

Como sabes, en el campo, los jornaleros tradicionalmente acuden a la plaza pública todas las mañanas a ver si los contratan en los cortijos, haciendas y plantaciones para una jornada, una peonada.

Un día, en un pueblo de Andalucía en período electoral

de aquellos tiempos de la República, el capataz de un rico hacendado iba comprando votos y chantajeando a los jornaleros. Hasta que se encontró con uno que le tiró el dinero al suelo y le espetó: «En mi hambre mando yo».

Esa frase me ha impresionado toda mi vida, «en mi hambre mando yo». Me parece un buen colofón para esta charla sobre el respeto y la dignidad, ¿no te parece?

Las tres premisas de la felicidad

Esta vez inicia el diálogo Valentín Fuster, deseoso de puntualizar algunas cosas dichas en la conversación matutina. Eso sí, antes se verifica todo: el bloc de notas, los folios, la grabadora y, finalmente, el teléfono móvil, pues es de justicia señalar que entre las prioridades de Valentín Fuster está el no abandonar a sus pacientes. Coloca el móvil sobre la mesa en modo silencio, una lucecita le avisa, echa un vistazo a la pantalla y, aunque en la mayoría de las veces pospone el atenderla, cuando se trata de alguien que realmente necesita de su asistencia, interrumpe el trabajo. Sampedro mira sorprendido lo que para él no deja de ser un «artefacto» ajeno a su cultura que, sin embargo, permite al doctor desarrollar sus dos facetas, la de hombre de acción y la de humanista reflexivo. En efecto, Aristóteles y Platón le acompañan.

El torbellino de la pasividad

—Esta mañana me has mirado con cierto escepticismo cuando he hablado de la pasividad. Me gustaría ahora matizarlo. Empezaré con lo del training desde el punto de vista de mi especialidad cardiovascular. Me refiero a la formación de los que serán los médicos especialistas del futuro. Al terminar la carrera, los aspirantes a médicos están obligados a tres años de training (prácticas) en medicina general y otros tres en la especialidad elegida. Durante siete años he sido el director de los programas de esa formación en Estados Unidos.

—¿Lo que aquí es el MIR?

—No, el MIR es algo distinto, porque se entra en la especialidad desde el principio. Por lo demás básicamente es lo mismo; la diferencia con el training está en los tres años de medicina general previos a la especialidad. Pero en ambos casos adolece del mismo problema: es un tipo de formación muy tecnificada en la que no se encuentra ni el tiempo ni el lugar para impartir una formación, llamémosla, humanística, la formación realmente encauzada hacia el enfermo, hacia la buena relación médico-paciente. La especialidad cardiovascular es de por sí una especialidad muy tecnificada, de modo que los chicos consciente e inconscientemente se dejan deslumbrar y llevar por la tecnología; salen técnicamente muy preparados y desde ese punto de vista toman decisiones muy acertadas, pero fallan en lo «otro». Carecen de la formación suficiente para penetrar en el paciente, no saben cómo interaccionar, cómo entender la psicología del enfermo. En mi especialidad, en el cincuenta por ciento o tal vez más, hay un claro componente emocional. Independientemente de la afectación orgánica, hay un componente de ansiedad, de inquietud, de vulnerabilidad que obviamente no hay tecnología capaz de captar, no son datos de computadora.

En el caso de los enfermos cardíacos, incidimos en la cantidad de vida en algunos casos, pero sobre todo, en la inmensa mayoría, nuestro efecto terapéutico es sobre la calidad de vida. Y ¿cómo vas a mejorar la calidad de vida si no sabes nada acerca de los sentimientos y circunstancias del paciente, si no sabes de qué se queja, cuándo se fatiga? Eso las máquinas y los números no te lo dicen. Es el paciente quien debe contártelo y el paciente es un ser humano afectado, no una computadora. De ahí la importancia de esa carencia de formación integral, que debería incluir los aspectos psicológicos, el factor humano, el entendimiento psicológico-emocional.

Si esto, que se refiere al micromundo que yo vivo en el ámbito de la formación de jóvenes cardiólogos, lo trasladas al contexto general en el que vivimos, te encuentras con una situación parecida. Se vive en un mundo tecnificado, acelerado, no hay tiempo para reflexionar fuera de la técnica, como si nos hubieran subido a un coche que va en una dirección indefinida y sin posibilidad de apearse. No existe reflexión. Y esto es lo que a mí me lleva a hacer el comentario de la pasividad.

No quise decir que simplemente estemos mirando lo que está pasando; definí una sociedad pasiva en el sentido de falta de actividad. De actividad física y de actividad, digamos, creativo-humanística que es lo que necesita la sociedad occidental. Insisto en la falta de reflexión porque solamente la reflexión puede ayudar, creo yo, a tener el tiempo suficiente para mentalmente poder salir de este engranaje y alcanzar la interacción social. La interrelación. Es decir, lo que veo en la formación de los chicos jóvenes es lo mismo que veo en la sociedad en general. Y es que vas dando vueltas en un torbellino del que no encuentras salida, porque, además, si sales te encuentras perdido. Se ha llegado a una aceleración tal, que la gente, o bien está cansada y se va a dormir, o si no está cansada, se va a divertir. Y con esas conductas se está perdiendo algo fundamental: la efectividad en la sociedad, la activación mental creativa que requiere la reflexión. Éste es el punto que quise dejar claro esta mañana: la falta en la sociedad actual de una actividad menos matemática, tecnológica y mucho más intelectual, ¿me entiendes? Pasiva en ese sentido.

—Es muy pertinente tu aclaración porque si hablamos de pasividad, efectivamente, habría que ponerse de acuerdo en lo que queremos decir utilizando ese término. Así, obviamente no hay discrepancia. Con esta precisión, ya sé que hablas de pasividad en ese aspecto humanístico, comprensivo, psicológico, digamos creador, y de ninguna manera afirmas que la sociedad sea pasiva técnicamente hablando, sino todo lo contrario. Muy bien. Esta mañana estábamos pensando en cosas distintas, pero así estamos completamente de acuerdo y para abundar en ello te voy a contar yo también una anécdota de mi profesión en la línea de lo que tú observas en la tuya. Que es rigurosamente cierta y que me impresionó mucho en su día.

En un momento dado, hará unos quince o veinte años, no recuerdo, en un centro que prefiero no mencionar, me pidieron impartir un breve cursillo (de unos veinte días o algo así) sobre economía, principalmente sobre desarrollo económico, para un auditorio reducido. Una treintena de alumnos, todos con título universitario o técnico ingeniero superior, es decir, el curso estaba dirigido a personas con enseñanza superior que, además, habían aprobado una oposición muy reñida para el acceso a ese centro de formación antes de adquirir la condición de funcionarios del Estado, de lo que se deduce que el más joven tendría unos veinticinco o veintiséis años.

Desde el principio les expliqué que a lo largo del cursillo les expondría una serie de temas, y, al término del mismo, el examen consistiría en el comentario sobre un artículo de unas dos o tres páginas. Les proporcionaría el mismo artículo para todos, les permitiría utilizar los libros, anuarios, estadísticas que quisieran, porque lo importante serían sus reflexiones en torno a los temas tratados más que los aspectos memorísticos de datos que en la práctica siempre se consultan, entre otras cosas, porque hay que manejar los datos económicos actualizados y no los que aprendiste en la carrera.

Bien, llegado el momento, se hace así el examen. Y, dada la importancia de mi evaluación en sus carreras, antes de pasar las notas a la dirección, concedí, para quien no estuviera conforme, la oportunidad de una revisión de examen.

En general, no se produjeron quejas, pero la que hubo es muy significativa. «A mí lo que me parece mal es el tipo de examen», me dijo uno de ellos. «¿Cómo? He hecho exactamente lo que les anuncié desde el principio.» «Sí, eso es verdad.» «Entonces, ¿cuál es su queja?» «Es que me ha obligado usted a pensar.»

Los demás se rieron, pero yo me quedé perplejo. Le contesté algo así: «Mire, a estas alturas de su carrera ya va siendo hora de que aprenda usted a pensar porque dentro de unos meses será funcionario en un puesto de responsabilidad y será conveniente saber pensar, si no para usted, al menos para el contribuyente».

Claro, sus compañeros se rieron, pero esta anécdota que podría parecer insignificante es muy reveladora de un sistema educativo que permite concluir la universidad y aprobar unas oposiciones sin sentir la necesidad de pensar para aprobar.

Se enseñan muchas cosas, pero a pensar, no. Al poder no le interesa enseñar a pensar. Recuerdo cuando en el sesenta y ocho se gritaba: «La imaginación al poder». Si la imaginación llega al poder, deja de serlo, deja de pensar, porque pensar es un riesgo considerable para el poder.

—Interesante.

—Bien, pues estamos de acuerdo en que la educación debe abarcar esos otros aspectos humanísticos, pero ¿por qué no se hace? Nuestro sistema está hoy, esencialmente, en manos de los economistas. Del poder económico depende hoy hasta la ciencia; tú mejor que yo sabrás lo costosa que es la investigación. Los economistas interpretan la realidad en términos monetarios.

Cada cultura tiene un referente general, el nuestro es el dinero. Los antiguos, los clásicos, decían: «El hombre es la medida de todas las cosas». Era una medida humana. Hasta los dioses, con sus líos y sus historias, eran humanos. En el Medioevo la referencia fue Dios con la teología por encima de todo. Dios era la medida de todas las cosas. En cambio, en la Modernidad el dinero es la medida de todas las cosas.

En mis conferencias con frecuencia pongo un ejemplo que hace sonreír a la gente. Les digo: si el 25 de julio en Santiago de Compostela, en vez de dar indulgencias, dieran exenciones a la contribución sobre la renta no habría en España trenes suficientes para transportar peregrinos. Quiero decir con ello que se cree más en el recaudador de Hacienda que en las indulgencias.

La economía, al tomar el dinero como referencia, utiliza la técnica en función de la rentabilidad y productividad. Mira, hace años, en una librería de lance (a las que soy muy aficionado) encontré una historia inglesa de la técnica, en la que aprendí cosas interesantes relativas a los diferentes usos de los inventos.

Como es sabido, los tres inventos decisivos para el paso de la Edad Media a la Edad Moderna fueron la pólvora, la brújula y la imprenta. La pólvora permitió acabar con los castillos, con el feudalismo; la brújula permitió las grandes navegaciones, poder cruzar los océanos y la imprenta permitió la difusión de las ideas. Pues resulta que los chinos tenían esos tres inventos desde mucho antes, pero no usaban la pólvora para la guerra sino para fuegos artificiales. Para un chino batirse con un artefacto tan ordinario como la pólvora era un acto indigno de un ser humano. La brújula también la conocían pero no la usaban, porque según su concepción de la vida, todo lo que necesitaban lo tenían dentro, ¿para qué salir? No sentían la menor necesidad de cruzar océanos para conquistar nuevos mundos. A ese propósito, hay una carta muy curiosa en el siglo XVIII, un rey Jorge de Inglaterra (no recuerdo si III o IV) en la que le anuncia la visita de un mandatario suyo al emperador de China por cuya embajada le envía unos regalos, le propone entrar en relaciones y le ofrece colaboración para cuanto pueda serle necesario. La respuesta del emperador fue: «China no necesita nada de nadie». Es decir, con brújula y todo, vivían dentro de sus fronteras sin necesidades de conquista o integración en el resto del mundo.

Y en cuanto a la imprenta, los chinos usaban unos bloques de madera para la impresión, pero el arte de la caligrafía les parecía algo muy superior y tan extraordinario que lo preferían mil veces a la tosquedad de la huella de los bloques.

A nosotros, en cambio, la economía nos impone la rentabilidad, la productividad, la eficacia y a ellas se sacrifica todo lo demás. Aquí las emociones son «cosa de mujeres», «romanticismo trasnochado». Los valores que utilizan los economistas, el dinero por ejemplo, no es un valor humano, es un instrumento, pero no un valor humano. Los valores humanos, la dignidad, el amor, la amistad, el honor, no son mensurables.

—Ya, ya.

—En mis tiempos estuvieron muy de moda las publicaciones de la Cowles Comission cuyo lema era *Science is measurement* (La ciencia es medición). ¿Te das cuenta? Lo no medible no es ciencia. Y, sin embargo, esos valores no medibles son vitales para nosotros. Pero los que gobiernan se rigen por estadísticas que no incluyen todo lo que es vital. Ahora se han vuelto algo más sofisticados. Antes medían el nivel de desarrollo de un país según la renta por habitante y con eso se desprecian culturas como la china, la india y otras. Resumiendo, una de las enfermedades de esta sociedad, de la que se derivan muchas otras, es la hipereconomicidad, la economicidad exagerada.

—Y esto nos lleva, creo yo, al tema de la felicidad.

—Evidentemente.

—Porque, claro, aquí el tema, y en eso estoy completamente de acuerdo contigo —asiente Fuster—, es la productividad, mejor dicho, la necesidad de la técnica en función de la productividad dejando fuera las muchas cosas no medibles. Y ahí está la razón por la que siempre estoy invocando la reflexión. Me refiero a una reflexión que te ayude a elegir y ordenar un modo de vida, a estructurar tu personalidad; una reflexión que te enseñe a establecer prioridades, a salir, o al menos a no perder pie, de la vorágine impuesta por este mundo acelerado, porque si no es así, si permaneces anclado en el engranaje, dando vueltas como una rueda más, pierdes tu identidad personal. Y eso es grave.

—Claro, esta mañana ya...

Dominar sin dominarse

—Esta mañana ya lo apuntábamos, sí —prosigue Fuster—, pero creo importante detenernos un poco más en ello porque si pierdes la estabilidad emocional y racional, estás perdiendo, creo yo, no la felicidad, pero sí la base para lograrla.

Hay que diferenciar los dos conceptos. Yo creo que la personalidad, la estabilidad de la persona depende mucho de si se es dueño de sí mismo o si, por el contrario, es la sociedad la que se adueña de la persona. Esto me parece básico. Y cuando digo que la sociedad no se adueñe de uno, no estoy abogando por el egoísmo a ultranza ni estoy diciendo que no se deba servir a la sociedad. Al contrario, creo en la obligación de servir a la sociedad, pero conservando cada cual el dominio y la responsabilidad de sus actos en lugar de quedar absolutamente a merced del entorno social.

Y cuando denuncio la pasividad, me refiero a la falta de actividad mental para conservar el dominio de uno mismo. Es decir, estoy hablando de actividad, de reflexión a nivel personal. Lo que sostengo es que se nos plantea el problema de una sociedad muy acelerada que convierte al individuo en un instrumento, y en consecuencia no es dueño de sí mismo, aunque lo sea o crea serlo de otras cosas o incluso personas. Y eso lleva indirectamente a la infelicidad, pero sobre todo, a la inestabilidad.

Por eso tengo la costumbre de levantarme pronto e irme muy temprano al hospital. Hacia las cinco de la mañana, antes de que empiece la actividad hospitalaria, me quedo un buen rato sentado en mi despacho, mirando por la ventana. Ése es para mí el momento más importante del día porque es el que me permite ordenar mis ideas y establecer mis prioridades para las actividades pendientes. Hay que distinguir entre lo que se puede, lo que se quiere y lo que se debe hacer para, barajando esos tres conceptos, establecer el orden de tus prioridades. Ésta es la reflexión y la actividad mental de las que hablo con insistencia.

Ahora mismo: hemos decidido hacer juntos un libro. Hemos elegido el lugar, las fechas, hemos establecido un horario y, acomodándome a él, me siento a esta mesa cuando ya tengo hecho todo lo demás que he decidido hacer. No podríamos hacer bien las cosas si hubiésemos dicho: ah, bueno, sí, a ver si encontramos un rato, bueno, cuando puedas, etc. No, o lo hacemos o no lo hacemos. Como tú decías al principio, «para dialogar, parar». Y este «parón» es lo que nos permite preservar nuestra estabilidad personal y nos libra de la neurosis que se vive a nivel individual cuando uno se deja arrastrar sin tiempo para meditar. Mucha gente piensa que domina el mundo por el dinero que gana, pero ésa es la gran trampa porque en realidad ese «dominar el mundo» sin un dominio real de uno mismo es lo que les suele llevar más pronto que tarde a la inestabilidad. La gran trampa es confundir la estabilidad personal y la felicidad con el dinero.

—Sí, «el necio confunde valor y precio».

Te cuento dos anécdotas personales al hilo de lo que dices:

En cuanto al rato de reflexión matutina, como sabes, durante muchos años trabajé en el Banco Exterior de España. Oficialmente era secretario técnico. El Banco estaba entonces en la carrera de San Jerónimo, un poco más abajo donde están los jardincitos frente al hotel Palace...

—Sí, ya sé dónde es.

—Bueno, pues en esos jardines había un busto de Cervantes. Como yo madrugo mucho, llegaba casi siempre muy temprano, mucho antes de las nueve, que era la hora de entrada, me sentaba en el jardincito, tan tranquilo, a practicar eso que has dicho de la reflexión matutina. Pero cuando daban las nueve, no entraba en el Banco. Por razones largas de explicar, había hecho cuestión de principios no entrar en el Banco a las nueve, pese a estar ahí desde antes. Sabía que me criticaban, pero no me afectaba.

Un día, el secretario general del Banco, subiendo en el coche, con su chófer, me ve sentado en el banco, al lado del monumentillo a Cervantes, se apea y me dice: «Hombre, José Luis, ¿qué haces aquí?». «Estoy haciendo gimnasia de libertad», contesté. «¿Qué es eso?», preguntó perplejo. «Pues eso es que yo tendría que haber entrado en el Banco Exterior a las nueve, y no entro.» Se echó a reír, se sentó a mi lado en el banco (con minúscula), estuvimos charlando un rato y luego entramos juntos en el Banco (con mayúscula). Ese día él también reflexionó, aunque sospecho que de otro modo. No creo que él estuviera pensando como yo en lo que decía Antonio Machado: «El que habla consigo mismo, espera hablar con Dios un día». Yo no espero tal cosa, pero sí encontrarme conmigo mismo, tomarme ese tiempo de reflexión del que tú hablas. También lo hago antes de levantarme cuando me despierto muy temprano.

Otra cosa que me resulta útil es «hacer de esponja». Ya sabes, la esponja se alimenta gracias a que esa colonia de bichos tiene unos canalículos por los que deja pasar el agua de mar. Yo me siento en un banco público y me limito a dejar pasar la gente y al igual que la esponja toma lo que le interesa del agua del mar, yo saco mi cuadernito y pesco una persona, una idea, una sensación, en fin, aquello que no cabe en las estadísticas, pero que es indispensable para completar la personalidad.

Por cierto, cuando hablabas esta mañana de la formación técnica de los médicos durante el training, recordé una anécdota que ilustra perfectamente lo que decías.

Tuve un problema con el pie: un esguince un tanto complicado que tardó años en curarse. Durante mi estancia en Valencia acudí a un traumatólogo de la vieja escuela, de los que, en cada visita, miran, tocan la zona lesionada, no regatean tiempo en preguntas del tipo «¿duele aquí?», «¿más aquí?», «¿y así?», etc. A mi regreso a Madrid, como seguía con el dolor, visité otro traumatólogo que, sin mirarme ni tocarme el pie, prescribió una resonancia magnética. Pues bien, en mi siguiente visita a Valencia, le llevé esa resonancia al traumatólogo de allí. El hombre sonrió y mientras decía algo así como «de modo que en Madrid necesitan una resonancia para esto», fue a su fichero y me enseñó los apuntes que él había tomado meses atrás acerca de mi pie. ¿Sabes una cosa? Su ficha manual a la antigua usanza, pero desde luego mucho más barata, decía exactamente lo mismo que el diagnóstico de la máquina infernal. Es decir, un médico formado con ese complemento psicológico necesario para la buena relación médico-paciente y disponiendo del tiempo de atención suficiente es mucho menos dependiente de la técnica y puede ejercer la medicina de un modo no sólo más humano, sino también más barato.

—Disculpa —vuelve el médico tras la interrupción de una llamada urgente—, era necesario. ¿Por dónde íbamos? Estábamos hablando de la gimnasia de libertad, de la estabilidad personal y de los excesos de la técnica. Pues, retomo mis ejemplos.

Yo trato a algunos pacientes que podríamos considerar exponentes de ese poder que tú denuncias. En una ocasión acudieron el mismo día a mi despacho de Nueva York dos pacientes muy conocidos por la sociedad, aunque en campos completamente distintos. La víspera se les había anunciado el cese; a ambos se les había instado al retiro habiendo sido pioneros cada cual en su campo, uno en determinado museo y el otro en el ámbito de la comunicación. Así, esos dos poderosos tan conocidos, una buena mañana, se echaron a llorar ante mí. Bueno, esto es anecdótico, lo importante no es el derrumbe ni el llanto sino el resultado de sus visitas a mi despacho. Estos individuos, desgraciadamente, nunca se habían planteado que el proyecto vital no puede estar basado únicamente en el poder o en el campo profesional. Al fallarles lo único que constituía sus vidas, quedaron completamente desestabilizados. Desestabilizados por no haber sentido antes la necesidad de reflexionar y de plantearse que hay algo más en la vida. No creo que se hubieran tomado tiempo para otra cosa aparte de concentrarse en el poder, en las reuniones continuas, en sus triunfos en el arte y la comunicación. De modo que los dos entraron en una depresión importante. Yo hice el seguimiento de su evolución. Fue muy interesante: al cabo de tres años, ambos habían dado un giro a su vida y aprendieron en una edad tardía algo que, desgraciadamente, se perdieron en su juventud. Y yo pude constatar que muchos de los que creen tener una estabilidad, en verdad no la tienen, sólo es un espejismo. La realidad es que viven en una inestabilidad latente de la que sólo toman conciencia cuando se pegan el batacazo en el único asidero que se habían construido debido a la falta de reflexión.

—Sí, vamos, es evidente. Se necesita una formación más diversificada, holística y un modo de vida que, como dice el refrán, no implique «poner todos los huevos en el mismo cesto». Por eso, y con ello volvemos al inicio de nuestras charlas, la técnica es importante, necesaria, conveniente, le debemos muchos beneficios, pero es una aberración idolatrarla de esa manera excluyente, eliminando las demás vías de conocimiento, entre ellas el arte.

Hay una diferencia entre arte y técnica, tremenda. La técnica se puede enseñar y se puede aprender. El arte no. ¿Cómo se tecnifica una música? Se tecnifican los procesos de elaboración, pero el lenguaje de la música no es tecnificable. El arte hay que practicarlo y aprenderlo con el cuerpo, con las manos, con los ojos, con la boca, la garganta, lo que sea, y eso no es la misma forma de abordar la técnica. No lo es.

—Por eso les digo a mis estudiantes: «La técnica la aprenderéis en cualquier momento, pero el arte de hablar con el paciente... Ésta es vuestra oportunidad, aprovechadla».

—Claro, y ese arte es al mismo tiempo la creación de uno mismo. Con el arte, se crea uno a sí mismo. De esa manera se hace uno mismo. Tú hablabas esta mañana de la importancia de hacer algo por los demás y con ello hacer algo que te resulte gratificante. Y es que la vida es esencialmente hacerse. Yo tendría unos veinticinco o veintiocho años más o menos cuando se me ocurrió esta idea «genial» de hacerse lo que uno es. Luego me enteré de que, dos mil años atrás, los griegos ya lo sabían (por eso digo que la idea es genial, ¿verdad?). No inventé nada, pero para mí la vida es eso, hacerse lo que uno es. Lo que potencialmente se es y que, la inmensa mayoría de la gente, por supuesto yo incluido, no logramos desarrollar del todo. Ese concepto economicista del desarrollo que califica de más o menos subdesarrollado en base a una serie de indicadores que lo determinan, falsea la realidad. No, para mí el subdesarrollo, tanto individual como colectivo, es no haber alcanzado lo que uno podría haber alcanzado si hubiera hecho bien las cosas, si hubiera tenido los medios para ello. Con ese concepto del desarrollo, podemos encontrar analfabetos desarrollados en el llamado Tercer Mundo y sabios subdesarrollados en Occidente.

Invertir en tu talento

—Lo que dices es importantísimo —asiente Fuster— y entra de lleno en uno de los puntos relativos a la felicidad. En mi opinión hay tres aspectos que, sin ser la felicidad, constituyen la base para alcanzarla. El más importante del que quiero hablar es el que defino como «invertir en tu talento».

Organizo dos veces al año un cursillo de dos días en Washington para futuros cardiólogos. Médicos jóvenes que están haciendo el training. Vienen en número reducido, con un sistema rotatorio, de modo que al final del training los seiscientos alumnos han pasado por ahí. En esos días, pido a una decena de médicos con una historia personal rica, generalmente especialistas en los distintos campos de la medicina cardiovascular, que cuenten su vida. Lo negativo, lo positivo, incluso la historia familiar.

Yo imparto habitualmente la conferencia inaugural cuyo tema central es «conócete a ti mismo». Les digo que el mundo cambia constantemente, pero tú sigues siendo el mismo. En lo que inviertas en 2007, no necesariamente será lo más importante en 2011. Pero tú, con tu personalidad, aficiones y aptitudes, seguirás siendo tú, en 2011, el mismo que en 2007. Es decir, descúbrete e invierte en ti mismo, en tu talento, no en lo que en el momento el mundo que te rodea te presenta como «apetitoso».

Este curso tiene mucho éxito. ¿Sabéis por qué? Porque durante esos dos días o después, al regresar a sus puestos, aproximadamente un sesenta por ciento de ellos descubre que no está haciendo lo que realmente su talento le permitiría hacer. Su ambición, el creer que tal o cual aspecto de la medicina tendrá más salida, es más novedoso o cualquier otro motivo les ha conducido hacia un campo que no es el que hubieran elegido libremente acorde con su predisposición, ateniéndose a su voz interior. Ésa es la clave del éxito de estos cursos que empecé organizando cada dos años, luego anualmente, ahora dos veces al año y con perspectivas de aumentarlo a tres.

Personas técnicamente muy preparadas reciben un cursillo de lo más básico que es conocerse a sí mismos y resulta de vital importancia para el enfoque de sus carreras porque es mucho más fácil descubrirse en el espejo del otro. La verdad es que no nos conocemos a nosotros mismos y, en general, a todos nos resulta más fácil juzgar al otro. De ahí la utilidad de buscarse a sí mismo en compañía de otros, empezando en el marco de un curso con esas pretensiones.

—Ah sí, eso desde luego.

—Es decir, ésta es una verdad que se les explica muy bien a estos jóvenes. Se les explica exactamente esto: descubre quién eres y, sobre todo, escucha a la gente que te conoce. Tienes que invertir en esto.

Éste es, en mi opinión, el primer punto, el más importante en relación con la felicidad: el encontrarte a ti mismo y el invertir en tu talento. Antes de seguir con las otras dos premisas que pueden ser la base de la felicidad, me gustaría escuchar tu opinión sobre este punto que yo considero fundamental.

—Bueno, a mí esta idea me parece muy bien, pero cuando dices «invertir en tu talento» habría que precisar un poco más y advertir que también se puede invertir erróneamente y entonces...

—Sí, te lo explico, entrando un poco más en la profesión porque si no queda muy abstracto.

Al terminar el training, la formación cardiovascular, tenemos la posibilidad de irnos a unos quince campos distintos.

—¿Dentro de la cardiología?

—Sí, dentro de la cardiología hay muy distintos campos. El problema es que, por ejemplo, en el año 2007, de estos quince campos hay dos que son súper atractivos: la electrofisiología (el sistema eléctrico del corazón) y la hemodinámica (el sistema de poner catéteres y abrir arterias). Naturalmente, la tendencia es elegir uno de estos dos campos que actualmente parecen el «novamás». Pero siguen coexistiendo con lo tradicional, como puede ser la auscultación de los pacientes con estetoscopio, sin ir más lejos, ¿entiendes? Entonces cuando decimos «invierte en tu talento», estamos aconsejando no dejarse deslumbrar por los catéteres o por el campo eléctrico si tu cabeza, tu predisposición psicológica, tus aptitudes innatas o adquiridas van en otra dirección. Tu personalidad se realizaría mejor en otro campo: esto es lo que llamamos «invertir en tu talento». ¿Por qué me parece tan importante? Porque esto lo trato con la gente que tiene la suerte de poder elegir. El problema de la sociedad es que no se llega fácilmente a la situación de poder escoger. Por eso me gusta que, al menos con los que yo dialogo, sean conscientes del privilegio que supone la posibilidad de elección y no la desperdicien.

—Creo que, expresado de otro modo, viene a ser lo que yo defino como hacerse a sí mismo, hazte quien eres, ¿no? No tenemos una guía positiva que nos indique cada vez qué es lo acertado; no siento en mi interior nada que me diga «ahora debes hacer esto, ahora lo otro». En sentido positivo no, pero en cambio, a la inversa, sí percibo resistencias involuntarias, como si una voz interior me avisase cuando lo estoy haciendo mal.

—Tal vez no lo disfrutas, tal vez el aviso es que no disfrutas con lo que estás haciendo.

—Sí, debe de ser eso. Y eso se parece un poco a lo que tú llamas invertir fuera de tu talento con el ejemplo de elegir electrofisiología porque está de moda o da dinero o suena muy bien. Lo cierto es que con frecuencia se eligen carreras más por las salidas, posibilidad de ganar dinero o tradición familiar que en función de las vocaciones o gustos de otra índole. Pero si tienes un poco de sensibilidad y estás acostumbrado a hablar contigo mismo, en general, algo te dice: «No, no es eso», pues...

—Perdona, eso te ocurre a ti, pero esto no es la tónica general entre la gente joven con la que dialogo. Muchos se lanzan a un terreno porque es un campo más lucrativo. Otros porque es un terreno más excitante, estimulante, pero no necesariamente es donde ellos van a disfrutar más a la larga. «Invertir en tu talento» es encontrar el campo en el que vas a disfrutar.

La tesis que defiendo es que encontrar tu talento está absolutamente ligado al concepto del disfrute, del placer de lo bien hecho. Porque cuando se hace bien algo, se disfruta, y es un constante estímulo de la autoestima. Además, conocer tus capacidades te permitirá ser consecuente, mantener posiciones coherentes.

Lo que te voy a decir quiero que lo interpretes en el contexto de la máxima modestia y humildad. Pero mi situación puede clarificar lo que estamos discutiendo. Yo, igual que tú, he rechazado muchos cargos. A mí me han ofrecido puestos muy altos en el ámbito universitario, y los he rechazado. Podría ser presidente, de varias universidades.

—De casi todas.

—No, en serio, he rechazado muchas ofertas, algunas ya de entrada, por teléfono. Y no es una cuestión de ambiciones, no, eso de la ambición lo tengo clarísimo. No. Simplemente se trata de saber para lo que está uno más capacitado y mejor dotado, de saber distinguir entre gusto personal y posición social.

Yo soy un hombre del *firing-line* (de primera línea de fuego). Un hombre que camina por el campo de la investigación y de la clínica. Yo camino con la práctica acorde a mi concepto aristotélico. Lo que pasa es que constantemente me sale Platón, pero en realidad, tengo que estar en el *firing-line* que decimos en Estados Unidos, lo decimos en inglés, ¿no? Soy el jefe del departamento, pero los fines de semana hago guardias como uno más. ¿Por qué? Porque considero mi obligación saber lo que está pasando, dar ejemplo, contribuir al mejor funcionamiento del servicio también desde abajo, en la práctica. Y con esto no me estoy presentando como el individuo perfecto, sino como un ser consecuente. Yo disfruto investigando y ejerciendo mi profesión, ése es mi talento. En el sillón de presidente de la universidad, resolviendo todo tipo de problemas, sería hombre muerto, pese a que estoy muy interesado en la vida universitaria. Como os dije antes, he dirigido los programas de formación, pero ahí, en lo concreto, es donde me siento a gusto.

Cada uno ha de encontrar su puesto en coherencia con su disfrute y talento, sin dejarse tentar por cantos de sirena.

—Completamente de acuerdo, pero como decíamos antes, y tú asentías, los economistas no encuentran dónde colocar valores de este tipo. Éste no es un valor económico, no lo pueden medir, no lo pueden cuantificar. Ellos llaman disfrutar a ganar dinero, piensan e inculcan la idea de que eso es el disfrute. Mucha gente se deja arrastrar, se deja engañar por la creencia de que en el dinero, y cuanto más fácil mejor, reside la felicidad. Es decir, que aun teniendo razón, tu idea es difícil de aplicar, porque previamente habría que acometer algo más difícil todavía que es el cambio de mentalidad imperante. Si lo que tú dices se generalizase, si se restaurasen los valores no cuantificables en vías de extinción (digámoslo así), se adelantaría muchísimo en la transformación de la sociedad.

Mira, en mi juventud, allá por los años cuarenta, me impresionó mucho conocer a Beveridge, el creador de la Seguridad Social de Gran Bretaña. Este hombre ya mayor, canciller de la Universidad de Oxford, jubilado, vino a España a dar una conferencia. Como demócrata antifranquista aceptó impartir la conferencia a los estudiantes de Económicas, pero puso mucho énfasis en desligar ese acto estrictamente académico de lo que pudiera interpretarse como un apoyo al régimen de Franco y, en coherencia, rehusó la atención oficial de cualquier tipo. Visto lo cual, los responsables de la facultad encomendaron a dos estudiantes la tarea de guía-intérprete. Tuve la inmensa suerte de ser uno de los elegidos. En parte porque yo empecé la carrera siendo ya funcionario, es decir, era algo mayor y con más experiencia que mis compañeros, y también, porque ya sabía algo de inglés. Acompañar a este hombre que físicamente, en su porte, sus modales, su estar era un perfecto victoriano fue una experiencia interesantísima. Nos dijo una frase con valores de otro tiempo, pero que nunca olvidé: «*Life is serving, not enjoying*» (la vida es servicio, no diversión). Eso sí, ese mismo hombre que decía *life is serving, not enjoying*, en su ancianidad, a la hora de comer, pidió callos a la madrileña y calamares en su tinta. Ahí, le fallamos al decano que nos había advertido y encomendado llevarle a un buen restaurante y cuidar de que tuviera un menú acorde a su edad. Nos dejó estupefactos cuando eligió los platos, claro. Y se los comió, pero decía que la vida era servir, no disfrutar.

La ética del deber o de la responsabilidad

—Pues esta frase de tu profesor, «*life is serving*», nos lleva al segundo punto, al segundo concepto de los tres necesarios para la felicidad.

El primero, que ya hemos tratado, es el de intentar descubrir tu propio talento y aumentar con ello tu autoestima.

Ahora viene el segundo, que ya has apuntado con esta anécdota: tu relación con la sociedad en el contexto de la ética del deber, de la responsabilidad. Antes de abordar el «servir a la sociedad» quiero detenerme en el eslabón anterior y tratar este aspecto.

Cuando llego por la mañana al hospital y me encuentro con estas chicas que están fregando los suelos a las cinco de la mañana, que entran puntualmente e incluso muchas están allí antes de la hora establecida, me complace constatar el sentido de responsabilidad de la sociedad norteamericana. Te hablo de esta gente con la que ya he establecido amistad, conozco a sus familias y puedo garantizarte que nada tienen que ver con el poder económico ni de ninguna clase. Lo que intento poner de relieve es que, pese a las muchas críticas que se pueden hacer a Estados Unidos, entre sus virtudes se cuenta la ética del deber, el arraigado sentido de responsabilidad. Es una sociedad en la que existe la ética del trabajo.

Éste es pues el segundo punto: uno ha de ser consciente de estar cumpliendo con su deber. Estamos en esta sociedad, alguien nos ha puesto aquí, estamos trabajando pero al menos contribuyo, estoy obligado, me guste o no me guste. Y aquí viene el problema: no todos pueden disfrutar, la mayoría simplemente tiene la necesidad de trabajar en lo que sea para asegurar el sustento de su familia. Pero yo creo que este concepto del deber, de la responsabilidad personal, saber que uno está cumpliendo con su deber, es muy importante si hablamos de felicidad. ¿Es verdad o no?

—Francamente, Valentín, el orgullo del trabajo bien hecho se ha perdido muchísimo. ¿Cómo te diría? En mi juventud, en el Madrid de los años treinta, recuerdo muchos y muchos profesionales con remuneración baja que ejercían con dignidad y con el orgullo de hacerlo bien. El concepto de cumplir con su deber enlazado a la idea de la dignidad valoriza muchísimo a quien ejerce un oficio. Claro, hay trabajos en los que parece difícil sentirse feliz, qué duda cabe, ¿verdad? Pero, básicamente, estoy de acuerdo en que, en lo posible, hay que procurar sentir la satisfacción de decir: «Yo hago esto».

Mira —sonríe pícaramente Sampedro—, te pongo un ejemplo extremo de orgullo y conciencia profesional. Es una anécdota que me contaron en Santander hace muchos años relativa a la epidemia de cólera que padeció la ciudad, creo que en 1885. Se dijo entonces que, al llevar los cadáveres masivamente al cementerio, algunos sólo estaban inconscientes, pero no muertos del todo. Según una crónica periodística que me enseñaron, años después, se le preguntó a un viejo sepulturero: «Oiga, ¿es verdad que, durante la epidemia, a veces se daba gente por muerta que luego en el cementerio agitaban la mano o daban alguna otra señal de vida?». La respuesta fue lapidaria (nunca mejor empleada la expresión): «A mí, a mí no se me iba ninguno». Es decir, su misión era enterrar y si le traían a alguien para enterrar, ése iba al hoyo. ¡Faltaría más!

En fin, éste es un ejemplo de conciencia profesional en clave de humor negro, aunque real. Sirve para distendernos un poco, pero estoy de acuerdo contigo. Hoy te encuentras con muchos que te atienden asqueados, reventados, sin el menor aprecio a su oficio, pero al mismo tiempo, debido a la pasividad que tú señalas, tampoco se plantean en serio otras posibilidades. Simplemente se quejan e incumplen todo lo que pueden. Algo que, por cierto, también sucede en niveles laborales más altos.

—Sí, éste es un frente en el que se ha de luchar, el de retornar el sentido de la dignidad al oficio que uno debe ejercer. Yo lo creo importante y ligado al tercer punto, al de la entrega, el dar a la sociedad. Aquí ya no se trata del cumplimiento del deber. Aquí la cuestión es: ¿cómo puedes contribuir tú para una sociedad mejor?

—¿Quieres decir: convertir el cumplimiento del deber en aportación?

La aportación social

—Exactamente —corrobora Fuster—. Éste es el tercer punto. El primero es el de saber quién eres e invertir en tu talento, el segundo el cumplir tu deber con dignidad y el tercero el aportar algo a la sociedad. Éstas serían las tres premisas de la felicidad.

—Permíteme un inciso: a mí el término felicidad no me gusta nada. Además, es muy ambiguo. Yo preferiría hablar de satisfacción íntima o bienestar.

—Muy bien, a mí tampoco me gusta nada. La utilizo porque es la que entiende la mayoría de la gente, pero estoy de acuerdo. Hablemos de las tres premisas del bienestar en el sentido de llevarse bien y vivir satisfecho con uno mismo. ¿De acuerdo? Sin embargo, con esta teoría, sólo una parte de la sociedad tendría opción a ese bienestar.

Analicemos pues tres casos distintos, representativos de diferentes estratos sociales. Tomemos los ejemplos de un ejecutivo asentado en el poder, de los que ya he hablado; un joven recién licenciado, de lo que también he hablado y, por último, un barrendero o basurero nocturno. Apliquemos ahora a cada caso lo hablado hasta aquí referido a las tres premisas apuntadas. Veamos cómo pueden cumplirse o no.

El primero, el poderoso ejecutivo, es muy posible que esté realizando el trabajo que su talento le pide y es también probable que lo esté desempeñando bien. El problema en un puesto de poder es que es muy difícil desligar lo que es cumplimiento del deber hacia los demás de lo que se hace por ambición personal. En cuanto al tercer punto, ¿está su vida encaminada a dar algo a la sociedad?, ¿puede aportar algo a la sociedad un presidente de un banco? No estoy seguro de que este hombre esté anímicamente predispuesto, quiero decir, no parece probable que toda su filosofía de vida se base en este sentido, tal y como lo hemos definido antes.

En el caso de estos individuos nunca se sabe. Yo he visto a ejecutivos muy distintos. Te pongo el ejemplo más extremo. Un señor muy importante, paciente mío, ocupaba el cargo de presidente de la Bolsa en Wall Street, que es el Stock Exchange; una persona que cumple absolutamente las tres facetas. Cuando empecé a tratarlo, me llamó mucho la atención precisamente por su rectitud y honradez; era un hombre que cumplía con su deber, y estaba siempre en contacto con la sociedad. En una ocasión fue designado miembro del comité para la elección de los presidentes de Kodak e IBM respectivamente. Me contó algunas cosas acerca del proceso de selección que denotaban su seriedad profesional y su talla humana. Un individuo fantástico.

Pues bien, uno de sus sucesores fue todo lo contrario. Incluso acabó encausado por algún asunto turbio de millones de dólares. ¿Te das cuenta? Dos individuos en el mismo cargo con comportamientos radicalmente opuestos. Te cuento esto porque la primera reacción que tenemos hacia el poder es, por definición, siempre negativa y, sin embargo, a veces está ejercido por individuos muy respetables.

Ahora viene el segundo caso: el estudiante o recién licenciado. El problema aquí depende en gran medida de cómo se enfoque su educación, de quién dirija sus estudios de postgrado. Aquí la importancia del mentor, el tutor, el responsable de su formación puede ser decisiva para que se decante por un camino u otro. De los tres ejemplos, es en éste donde yo creo que podemos tener un mayor impacto educacional.

Fíjate, yo estudié durante nueve años de mi vida en un colegio de jesuitas y la verdad es que lo pasé mal.

—¿Por qué? —pregunta Sampedro.

—Por la simple razón de que soy un individuo muy independiente y me adaptaba mal a la rigidez del método jesuítico. Ahora bien, con el paso del tiempo he agradecido tres enseñanzas básicas adquiridas con los jesuitas. Me enseñaron método, me enseñaron a conocerme a mí mismo y me enseñaron la importancia de servir a la sociedad. Lo de menos es que fueran jesuitas, lo interesante es que esas tres enseñanzas han marcado mi formación ulterior y mi estar en la vida. Por eso recalco tanto el impacto de la sociedad sobre los individuos, especialmente en los más jóvenes. Cuanto más jóvenes, más influibles. Si queremos transformar algo, si queremos contribuir a la reflexión, debemos volcarnos sin regatear esfuerzos en la gente joven.

En cuanto al tercer caso, ¿qué le puedo decir yo al limpiador de calles en las noches neoyorquinas? Es difícil recomendarle que disfrute limpiando la suciedad que, entre todos, hemos acumulado durante el día, ¿verdad? Tal vez su única satisfacción es sentir que cumple con su deber y, también, que con ello contribuye a la sociedad.

En esencia, lo que pretendo decir es que si bien en teoría cualquier individuo, independientemente de su estatus social, puede alcanzar la satisfacción íntima y el bienestar basado en esas tres premisas, en la práctica, resulta difícil imaginarlo en el caso del ejecutivo y en el del barrendero. Es más fácil lograrlo en el supuesto del estudiante; por eso es el que más me interesa desde el punto de vista de la educación.

No sé si te interesa el tema...

—Naturalmente, el tema de la educación me interesa muchísimo. Lo que pasa es que, claro, para hablar estas cosas tropezamos con la necesidad de aclarar conceptos y ponernos de acuerdo en el uso de las palabras.

Por ejemplo, «cumplir con su deber». ¿Cuál es el deber? Habitualmente el deber es hacer lo que se espera de nosotros. Por imperativo legal, por necesidad, por lo que sea. Si tomamos el caso del ejecutivo, su deber es que la compañía gane lo más posible. Para eso le han contratado. Ése y no otro es su papel. Y si ése es su deber, estamos hablando de valores convencionales con frecuencia impuestos por el poder, por las leyes. Me parece bastante discutible la idea de que la ley siempre persigue el bien común; hay muchas leyes que protegen intereses privados muy determinados, lo que nos lleva a la pregunta de si, en ocasiones, el deber no sería precisamente el no cumplir con su deber oficial. En circunstancias extremas (guerras, dictaduras) eso está claro. Conste que no pretendo criticar la idea de cumplir con el deber. Estoy de acuerdo contigo: cumplir con el deber desde el punto de vista de la felicidad personal es un factor positivo porque lo sitúa a uno en una comunidad, en una integridad, le hace sentirse conectado con el resto y eso es bueno. Lo que pasa es que también hay que plantearse la cuestión desde otros puntos de vista. Tal vez te parezca una observación marginal...

—Pero importante. Claro, definir bien los conceptos y el uso de las palabras es muy complejo. Tal vez sería más adecuado hablar de responsabilidad, de sentido de responsabilidad en lugar de sentido del deber. Sugiere una idea mucho más adecuada, ¿no?

—Sí, me gusta mucho más, pero de eso hemos perdido mucho. La gente busca ante todo su conveniencia descuidando lo demás. Eso se nota muchísimo en la enseñanza y en la profesión que quieras, no hay más que salir a la calle.

—Es una de las consecuencias de lo que hemos hablado antes. Fíjate, hemos empezado hablando de una sociedad de consumo, acelerada, no pensante y estamos hablando ahora del individuo inserto en esa sociedad, de cómo uno puede plantearse salir de esta vorágine global y encontrar su «felicidad», su estabilidad e integridad o bienestar personal. Es lógico que lo uno nos haya llevado a lo otro.

Y ahora si no estás fatigado, te hablaré un poco de mi experiencia con los enfermos en su triple dimensión. Por un lado está el problema orgánico, por otro el estado emocional del paciente que permite interpretar y modificar el curso de la enfermedad, y, el tercer aspecto, importantísimo para mí, el penetrar en la persona como persona que es distinto de la dimensión orgánica y psicológica de la enfermedad.

Te pondré un ejemplo y enseguida verás a qué me refiero. Durante once años trabajé en la clínica Mayo, en Estados Unidos, en el Medio Oeste, una zona muy conservadora pero con gente muy estoica de Europa del Norte, es decir, pacientes agricultores. Desde ahí pasé luego a Nueva York y lo hice, como sabes, a un hospital judío. Hemos hablado antes de sentirse íntegro, de sentirse feliz, esto naturalmente son estados transitorios, es *ups and downs* (altos y bajos); si hablamos de sentirnos siempre integrados y felices, la gente va a creer que estamos soñando, ¿verdad? Sin embargo, si hay algo que te enseña la vida, es que todo el mundo tiene su cruz.

Cuando digo penetrar en los pacientes como persona, me refiero a su origen y su entorno, lo que incluye también aspectos sociales. ¿Qué hace este individuo en la vida, de dónde viene, a dónde va, qué familia tiene? Es decir, entras en lo individual, pero también en un campo más global, ¿me entiendes? Pues bien, esto que yo practicaba en Rochester sin el menor problema, al aplicarlo en Nueva York, me encontré con la sorpresa de que de los primeros diez o veinte pacientes al menos dos se echaban a llorar sin que yo entendiera los motivos. Hasta que caí en la cuenta de que, en un hospital judío, penetrando en la gente, estaba penetrando en el Holocausto. El Holocausto es lo que marca la diferencia entre los judíos de Monte Sinaí y los nórdicos de Minnesota. Cito el Holocausto como ejemplo más extremo de lo que me he encontrado al penetrar en la gente, pero he trabajado en España, en Inglaterra, en Harvard y Boston, donde he trabajado mucho con irlandeses, y esa variedad me ha permitido darme cuenta de que cada cual lleva su cruz. No diré que la vida es un valle de lágrimas, pero, hablemos claro: en términos generales, la vida es dura, la vida es difícil. Y la cuestión es cómo manejarse dentro de la dificultad, cuando hay un *background* (pasado) difícil.

Mira, me acaban de llamar dos personas en los últimos cinco minutos, dos pacientes a los que tengo que contestar.

Uno se está muriendo de cáncer y el otro tiene un gran problema con su hijo. Y me dirás: «Pero ¿no eres cardiólogo?». Pues sí, fui cardiólogo de ambos, pero cuando penetras en la gente como médico, atiendes su problema de una manera integral. Ésta es mi vida como médico, y el concebirla de ese modo es la causa por la que no me he podido dedicar enteramente a la investigación nada más que en un cincuenta por ciento. Intentar penetrar más, intentar hacer por los demás cuanto puedo desde mi posición de persona afortunada, ha sido una constante, un reto y una fuente de satisfacción.

Ahora devolveré esas llamadas pero antes, José Luis, contéstame: ¿cómo manejas tú estas situaciones?

—Vamos a ver, coincidimos en muchas cosas y estoy encantado con todo lo que nos estás contando. Yo soy mucho menos activo, tengo menos capacidad de acción y también soy mucho menos sociable. No es que rehuya el trato con la gente, pero convivo bastante bien con mi soledad. Ahora, también hago lo que puedo. ¿Qué instrumentos uso? Esencialmente la palabra. La palabra en todas sus formas; a mí me llaman, me piden una conferencia, una entrevista, cojo el micrófono y procuro aprovechar la situación de privilegio en beneficio general más que en el propio. Es decir, con frecuencia asumo el valor de decir cosas que no es usual decir, denuncio cosas que, desde un punto de vista egoísta, sería mejor callar. Evito las ofensas gratuitas, pero no guardo silencio ante lo que se debe alzar la voz. En otras palabras: ante la injusticia social, no me atengo a lo «políticamente correcto».

—No me meterán preso por escribir un libro contigo, ¿no? —bromea el doctor e investigador.

—No, no, tú no...

—Digo como cómplice.

—¡Qué va! Ya te digo que procuro no agraviar, no soy belicoso ni estrepitoso, simplemente, obro en conciencia. Y si no me parece justo que el ochenta por ciento de la riqueza mundial esté en manos del veinte por ciento de la población; si me parece atroz un orden mundial en virtud del cual la inmensa mayoría muere de hambre mientras la minoría contrae enfermedades mortales por exceso de comida, pues lo denuncio. Hablo y escribo contra ello.

Y cuando he considerado oportuno lanzar un grito de libertad y escribir *El amante lesbiano*, lo he hecho aun a sabiendas de que a muchos de mis lectores les iba a chocar, incluso decepcionar.

—Muy buen libro, me gustó mucho.

—Ah, entre la clase médica ha tenido muy buena aceptación. Recuerdo una vez que acompañé a Olga a un hospital, mientras esperábamos salió un médico, un neurólogo-sexólogo a felicitarme, a contarme lo mucho que lo utilizaba. Tengo muchos otros testimonios de médicos, psiquiatras y psicólogos. Creo que en esa novela, como tú dices, penetré a fondo en unos personajes que encarnan tipos humanos generalmente mal vistos o marginados por la sociedad. Ésa es la manera que tiene un escritor de «penetrar» y «manejar», por usar tus mismos términos.

Y, sinceramente, produce mucha satisfacción cuando la gente te dice que tus libros, tus intervenciones en radio o televisión les son de gran utilidad. Me pasa con mucha frecuencia y, sí, me satisface.

Mira, en una Feria del Libro de Madrid, en el Retiro, vino una vez un señor a que le firmase *La sonrisa etrusca*. Cuando le pregunté «¿A qué nombre?», contestó: «Ponga usted in memoriam Emilio Neira». Pregunté: «Hombre, ¿por qué in memoriam?». «Emilio Neira era mi padre —contestó el hombre— murió hace poco de cáncer. Cuando le llevaba libros al hospital, dudé en si llevarle éste o no; me había gustado mucho, pero, claro, como en su novela el viejo muere con la "rusca", que se supone que es un cáncer, no estaba seguro de que fuera lo más apropiado para su circunstancia. Al final, me decidí y se la llevé, la leyó y me dijo: "Hijo mío, te agradezco mucho que me hayas traído este libro".»

Bueno, a mí estas cosas me emocionan, me llenan de felicidad. Ya ves que, pese a los muchos libros que he firmado en mi vida, no he olvidado el nombre de Emilio Neira. En otra ocasión, recibí en la Real Academia una carta sin remite y de una sola frase: «Gracias por ayudar a bien morir a mi madre con *La sonrisa etrusca*». Cuando Olga abrió el sobre y me la leyó en voz alta, se nos hizo un nudo en la garganta a los dos.

Lo que ya no puedo es atender a las personas individualmente. Me llaman, me escriben, me plantean problemas, me piden consejos, pero ya no puedo tratar con la gente de uno en uno. Durante muchos años he procurado al menos contestar a las cartas, pero el volumen empezó a aumentar en proporción inversa a mis fuerzas. Olga hace por mí lo que puede, entre los dos atendemos a quienes podemos, pero muy por debajo de la demanda.

—Bueno, pero tú contribuyes, no te infravalores —protesta Fuster—, tienes una influencia con tu literatura, tu magisterio. Cada cual actúa en su ámbito y con sus potencialidades, todo individuo tiene su campo de acción en la sociedad; es claro que un médico debe atender a los pacientes de uno en uno... Ya lo ves. [Nuevamente un paciente requiere la atención telefónica del doctor.] Seguiremos mañana.

Entre dos mundos

Se inicia este tercer diálogo con cierto nerviosismo controlado. Sampedro busca unos papeles que no aparecen. Fuster, coherente con su teoría de las prioridades, le aconseja que los busque con calma antes de seguir, pero Sampedro no quiere hacer esperar a su interlocutor. A todo ello se une la inseguridad de si la grabadora está o no funcionando correctamente. Al fin, tras unos instantes de inquietud, un té y un agua tónica servidos con amabilidad restablecen el orden y Valentín Fuster abre el diálogo retomando algunos temas del día anterior, antes de adentrarse en otros.

De la depresión al estrés

—Me gustaría volver a los temas que hablamos ayer con carácter general, pero centrándonos hoy en la persona. Es decir, me gustaría entrar en las consecuencias directas de cuanto comentamos ayer acerca del uso y abuso de la técnica en un mundo acelerado; un mundo en el que las personas, confundiendo los instrumentos con los fines, acaban perdiendo su rumbo. Ayer lo enfocamos desde el punto de vista de las diferentes culturas y sociedades; hoy me gustaría ver cómo todo lo que dijimos ayer conduce al infarto y a las enfermedades de nuestro tiempo. Me gustaría tocar el punto de vista personal.

En los últimos quince o veinte años se ha pasado paulatinamente de una situación de depresión a la situación de estrés. Es decir, en comparación con los años noventa del siglo pasado, hoy atiendo con mayor frecuencia a enfermos estresados que a pacientes deprimidos.

Cuando uno estudia el estrés se da cuenta de que forma parte de lo que José Luis apuntaba ayer. El individuo vive en un mundo que no domina; al revés, el mundo lo está dominando. Y dentro de ese mundo dominante, está lo que José Luis llamaba el poder, lo que decía de la tecnología y la pérdida de libertad, el engranaje en el que está atrapado el individuo que no es necesariamente el que genera su propia libertad. La falta de dominio sobre la situación y sobre uno mismo es lo que conduce a las situaciones de estrés, a lo que de un modo muy superficial alguien podría definir como neurosis de identidad. Pero básicamente es una situación de estrés. Me parece importante llegar a este punto porque aquí es donde debemos proponer la receta. Pero antes, José Luis, quiero una primera opinión tuya.

—Dices que el problema estriba en estar dominado por el entorno en lugar de conservar el dominio de ti mismo. Bueno, yo lo que veo es que se afronta mucho más de lo que se puede hacer, ¿no crees?

—Estoy convencido. Completamente convencido de eso.

—Es decir, se intenta hacer mucho más, como dicen los ingleses, se pretende morder más de lo que se puede tragar.

Hace algún tiempo, Manuel Castells, quien, como es sabido, ha estudiado mucho el sistema, en una entrevista televisiva, hablando de estas cosas, en general en términos coincidentes con lo que estamos discutiendo tú y yo, dijo algo tremendo. A la pregunta del periodista acerca de cómo veía el futuro, la respuesta fue breve y contundente: «Más de lo mismo». Ese «más de lo mismo» en el horizonte inmediato (que es una manera de manifestar lo que pasa) es precisamente el problema.

Tú insistes mucho, y con razón, en lo de la velocidad, en que vivimos en un mundo acelerado. Pues, ahí tenemos el ejemplo de los ferrocarriles franceses. No hace mucho se nos presentó a bombo y platillo, como gran hazaña del progreso, el haber superado el récord del tren de alta velocidad. En Francia, han conseguido aumentar en unos treinta kilómetros más por hora la velocidad del TGV. ¿Te parece racional una inversión de muchos millones de euros y semejante esfuerzo técnico para seguir incrementando la velocidad de un tren que ya superaba los quinientos kilómetros por hora en un país cuya distancia máxima es de unos mil y pico kilómetros?

Suelo hacer referencia a *La decadencia de Occidente*, un libro publicado en 1918. En ese libro, su autor, Spengler, establece la diferencia entre la civilización apolínea del mundo clásico y la civilización fáustica del mundo actual. Pues bien, yo creo que este aspecto fáustico, el cada vez más, el afán por superar récords es el que nos lleva a una situación que no podemos manejar, consentir, ni tolerar. Y ese afán fáustico ha ido en aumento debido a la técnica; la evolución tecnológica permite alimentar ese afán de transformación del ambiente, de modificar el entorno cada vez más profundamente, sin atender al perfeccionamiento interior del hombre. La persona interiormente no ha evolucionado tanto ni al mismo ritmo que los avances tecnológicos; quizá no pueda, quizá ni siquiera deba. No sé, ahí tocamos la madre del cordero, ¿verdad?, pero quizá no se deba exigir cada vez más, perdiendo el sentido del límite.

En Grecia había una diosa de los límites: Némesis. En los crucigramas aparece casi siempre como la diosa de la venganza, pero Némesis no era la diosa de la venganza, era la diosa de los límites. Némesis perseguía a los transgresores de todo orden.

La vida impone una complejidad creciente. Supongo que en biología, que es tu campo, ocurre un poco lo mismo, pero desde luego en lo social vamos hacia una complejidad creciente. Y al igual que en un organismo vivo la complejidad creciente no puede ser desorganizada, del mismo modo que las células que crecen y se multiplican de manera descontrolada sin obedecer a las leyes biológicas predeterminadas desembocan en desenlaces fatales, también en lo social, las relaciones entre las personas requieren ciertas normas a las que atenerse. Normas que pueden ser usos no escritos, pueden ser leyes escritas o tradiciones heredadas, pero la falta de normas de relación en una complejidad entre corpúsculos y componentes muy variados y distintos hace inviable la convivencia y el funcionamiento de la sociedad.

En mi última novela, *La senda del drago*, utilizo la metáfora del barco, un barco llamado Occidente que se desencuaderna porque los componentes de su estructura social, las subestructuras diferentes, han avanzado y se han modificado a ritmos y en direcciones completamente distintas. Como resultado, la religión católica ha quedado estancada en el siglo XVII; la economía se basa en axiomas del siglo XVIII; en política la idea de democracia de la Revolución francesa se ha convertido en una democracia mediática y oligopólica. Es decir, cada una de esas estructuras funciona a su aire, no encajan, porque la presión para conseguir cada vez más ha influido de manera distinta en cada uno de los sectores y eso produce la descomposición de la sociedad.

Actualmente vivimos en un marco de desregulación social. En parte se ha producido una desregulación legal (valga la contradicción), especialmente en el campo monetario y financiero, y en parte, porque en otros campos, como el derecho internacional, se mantienen las disposiciones pero no se cumplen. Ahí está el ejemplo de la ONU, cuya misión es garantizar derechos de soberanía y velar por la no injerencia e invasión de unos países por otros. A la vista está el incumplimiento por parte del fuerte hacia el débil. Un caso flagrante es la guerra de Irak. Y ahí tenemos a Estados Unidos pretendiendo convencer a los europeos de que ellos, los norteamericanos, sí tienen derecho a capturar a cualquiera en cualquier parte del mundo para torturarlo. No acabaríamos con los ejemplos, pero el hecho es que se ha perdido el respeto a una serie de disposiciones internacionales, cuya conquista le ha costado siglos a la civilización occidental. Se está enterrando todo el esfuerzo, lucha y trabajo invertidos en la creación de una estructura legal que, pese a sus deficiencias e imperfecciones, significaba un logro en el camino hacia la paz y convivencia de los pueblos. Y en esas relaciones de anomia, de falta de respeto a la legalidad, el oportunista, el atrevido, el invasor campa a sus anchas. En cambio, el ciudadano honrado y pacífico que no es nada de eso, es decir, la inmensa mayoría, se encuentra atacado por todas partes y tiene miedo. Tiene miedo de los países, de las culturas y religiones que los medios del poder presentan como enemigos, teme a los islamistas, tiene miedo del especulador, de la gran empresa que manipula las contabilidades y hace lo que le da la gana. La sensación de inseguridad ciudadana es mucho mayor que antaño y eso, en mi opinión, conduce al estrés de obligarte a pensar en la necesidad de asegurar tu seguridad, lo cual es imposible.

—Y ¿cómo ves tú la reacción de la juventud a todo esto?

—Es difícil generalizar. Además, desde que ya no estoy en la universidad, tengo menos contacto con los jóvenes. Pero, visto desde fuera, aprecio una tendencia a resolver el problema individualmente y con un sentido hedonista. En cierto modo es comprensible porque la mayoría de los jóvenes universitarios viven una situación privilegiada, respaldados por sus padres que son quienes asumen la carga de los problemas. Pero las soluciones individuales no afrontan la inseguridad global y general de todos.

—Pues en esto ha habido un cambio. Hay estadísticas reveladoras. Recientemente se ha realizado un estudio sobre la juventud en toda Europa al que aludiré más adelante. Es un estudio comparativo de la juventud actual con generaciones anteriores. Pues bien, las estadísticas demuestran que la juventud actual es menos ambiciosa, que esto de «abarcar más de lo que uno puede» que decías antes no es la característica de esta generación. Esto es un punto importante porque me parece una reacción a lo que estábamos hablando.

Segundo, es una juventud que, yo diría, ha perdido ciertos valores, pero al mismo tiempo es una juventud que cree mucho en la diversión.

—Sí, muy hedonista, lo que he dicho antes. Visto desde fuera, diríase que prefieren aprovecharse de la vida en vez de construirla y de construirse.

—Parecen tener un campo de acción más limitado, tienen grupos de amigos muy reducidos, crean pequeñas unidades y van avanzando a su manera...

Lo que es interesante son los resultados estadísticos relativos a la pasividad-actividad de la que hablábamos ayer. Sólo un tercio responde afirmativamente a la pregunta de si aprovecharían la oportunidad, en los próximos quince o veinte años, de crear una industria, montar un bufete profesional. ¡Sólo la tercera parte tiene una actitud dinámica!

—Lo cual liga con tu idea; esto es una manifestación de sociedad pasiva en el sentido que insistías ayer, ¿no? Y yo añadiría que el origen, en buena medida, está en la comodidad; viven cómodamente, pueden ser pasivos porque tienen una familia que les respalda y soluciona los problemas. En otras palabras, se pueden permitir el lujo de la pasividad.

—Porque la generación anterior les ha dejado un campo muy trillado. Una economía desahogada.

—Eso es. Pero hay otro factor a tener en cuenta. Para bien

y para mal, también perciben el desorden circundante y, admitámoslo, el caos no estimula a lanzarse. Así, entre que no tienen una verdadera necesidad y que tampoco se les ofrece la motivación suficiente, deciden, pues, optar por la diversión, el botellón o el fanatismo deportivo. Creo que a muy pocos les empuja todavía la motivación religiosa, otros encuentran su lugar de acción en asociaciones, pero en general, el espíritu de aventura y del riesgo ha decaído profundamente.

Con frecuencia pongo como prueba de la decadencia de Occidente el hecho de que en el siglo XV cuando empezaron a lanzarse las naves al océano y a descubrir mundos, se embarcaba mucha gente. Campesinos, frailes misioneros, comerciantes y conquistadores. Alguno ni sabía lo que eran las Indias y mucho menos dónde estaban, pero se iban a conquistar, a ver mundo, a enriquecerse, a evangelizar, a lo que fuera. Existía el empuje hacia la aventura. Ahora no se embarca nadie a nada. La excitación que produce el riesgo ha decaído.

—¡Qué interesante! ¡Qué grata coincidencia! En mi discurso de investidura de doctor *honoris causa* por la Universidad Complutense dije exactamente esto. Centré el discurso precisamente en las reacciones de la juventud frente a los problemas del mundo actual. Si os parece, os leo un pasaje:

«Ortega consideró a las diversas generaciones de jóvenes como variaciones producidas por un verdadero cambio en el entorno. Así pues, en el espacio sociocultural de la existencia humana, tiene que ocurrir un acontecimiento generacional —que puede ser primariamente espiritual, social, político, técnico o bélico— y que venga a modificar decisivamente la perspectiva histórica. De acuerdo con Aranguren y otros, el acontecimiento generacional que definió la juventud de los años cincuenta [que es la mía], fue, sin duda alguna, la última Guerra Mundial y por lo que se refiere a la juventud española la Guerra Civil [de esto no hay duda]. Así pues, la actitud fundamental de aquella generación de la postguerra [la mía], fue la del rechazo, o la de dar la espalda a los modelos propuestos por la generación anterior y a su retórica de los grandes ideales. El gobierno del mundo, pensaba la mayor parte de los jóvenes, dependía de fuerzas oscuras y supraindividuales, sobre las que ellos no tenían ninguna posibilidad de influir [esto fue realmente mi generación]. Así pues, por un lado surgió el existencialismo, aprendiendo a renunciar a los grandes por qués y a aprender a vivir sin fundamento, con una desesperanza tranquila, pero en busca de la seguridad profesional y familiar. Por otro lado, parte de esta juventud de la postguerra, rechazante de los grandes ideales y sentimientos se inclinó a un sobrio idealismo de la utilidad, tal como la ayuda al necesitado, la solidaridad concreta, el socorro directo de uno a otro; en los hechos, y no las palabras ni "las buenas intenciones" [es lo que primó entonces]. Por último, dentro de un proceso de conformismo que caracterizó a la generación de los cincuenta, en una minoría la energía no utilizada, fácilmente estallaba tumultuosamente con los gamberros en forma barbárica o criminal a través del éxtasis rítmico de la música o de "poetas gritando en el desierto contra una civilización absurda"».

Como ves, prácticamente te estoy parafraseando. Escucha el siguiente párrafo:

«¿Qué transformaciones han ocurrido en la juventud actual, cincuenta años más tarde? Mats Lindaren, director de la consultora sueca Kairos Future, oráculo europeo del análisis de tendencias [es una entidad estadística muy buena], ha dirigido un amplio estudio entrevistando a veintidós mil jóvenes de diecisiete países, incluyendo España, que constituyen la primera generación del móvil e internet. Se les ha preguntado sobre sus sueños, ambiciones, ilusiones y hábitos de consumo. En contraste con la generación de los cincuenta de Aranguren, el estudio se elabora sobre una generación actual en la que parece que el dinero es cada vez más importante para crear satisfacción, gusta gastar y es importante pasárselo bien. Pero además, en la generación actual parece que no existe la motivación aranguriana del dar cabida a aquel "idealismo de utilidad" para servir a los otros [y esto es básico]».

Permíteme un párrafo más para redondear mi argumento:

«Paradójicamente, existe un falso optimismo de seguridad para hacer algo por sí mismos pero sin estar dispuestos a actuar. Es relevante en el reciente estudio europeo que un 32% de los jóvenes españoles confiesa de forma optimista que tiene espíritu emprendedor, solamente el 32%, pero sólo un 23% quiere crear una compañía en los próximos quince años. En otras palabras, siguiendo a Ortega y Gasset, la última guerra marcó el cambio generacional de los cincuenta, con el rechazo de los grandes idealismos que condujo al existencialismo, bien sin motivación y sin fundamento de conducta, o más a menudo motivo para un nuevo idealismo de utilidad, de servicio al prójimo y a la sociedad de alrededor. Por otra parte, el desarrollo económico de las dos últimas décadas marca una generación motivada por el móvil e internet y contribuye a un falso optimismo de individualidad y de autosuficiencia a corto plazo, pero muy desmotivada a largo plazo».

Básicamente es esto lo que quería poner de relieve, luego hablo también de las consecuencias de la generación anterior y de las posibles salidas.

—Naturalmente, la generación anterior ha contribuido a esto porque la juventud ha sido muy privilegiada en el sentido de estar apoyada por completo. Los jóvenes están más respaldados y menos reprimidos hoy que en otras épocas. Obviamente, excuso decirlo, hablamos de la juventud de nuestro entorno, porque en otros niveles sociales pasan otras cosas.

Hoy se habla constantemente de los derechos de la juventud pero mucho menos, o nada, de los deberes. Antes, tenían obligaciones; hoy parecen creerse con derecho a todo sin apenas contrapartidas ni sacrificios. Y para colmo les espera la trampa del consumismo que les tiende el sistema: gastar, consumir, acumular objetos… Todo se convierte en necesidad. Las cosas que antes se disfrutaban, hoy se necesitan. Con la publicidad y medios de comunicación actuales, se ha generado una verdadera dependencia de las modas, de las marcas, de las maquinitas. La juventud está comprada por el consumismo y buena parte de ella más motivada por el dinero que por otra cosa.

—Sí, y la cuestión es: algo ha de haber que motive a esta generación, que la empuje hacia una meta mejor, más concreta y con vistas a más largo plazo que la diversión inmediata. Ciertamente Ortega y Gasset diría que todos somos hijos de una circunstancia, pero yo creo que estamos en el momento ideal para un gran cambio. Estoy pensando en la universidad, no en vano te he leído párrafos de un discurso pronunciado en ámbito universitario. El gran cambio debe darse dentro de la universidad. Hemos atravesado una fase de rechazo, de rechazo de valores, de usos y costumbres, de todo. Yo creo que es el momento de inicio de una fase constructiva.

—Sí.

—No sé, José Luis, yo te imagino con unos cuarenta o cincuenta años de edad y te veo abordando el problema, creando incentivos en la juventud.

—Yo, yo, bueno, en fin... —se ruboriza Sampedro, pero Fuster no le da tregua:

—Mira, si uno crea escuela... Ahí tienes el ejemplo de Florencia y los Médicis. La familia Médicis invierte y promueve el arte en Florencia y ahí nacen Miguel Ángel, Leonardo Da Vinci, Fra Angélico. No parece lógico pensar que los florentinos estuvieran genéticamente más dotados para el arte, ¿verdad? Ni se concibe como fruto de la mera casualidad el florecimiento artístico en un lugar y momento histórico preciso. Pero hubo una poderosa familia que promovió el arte y nacieron artistas.

Fíjate en la Universidad de Padua. Allí nació la medicina, y allí se produjo la verdadera revolución científica. Copérnico, Vesalio, Galileo, Harvey y tantos científicos descubridores de las bases de muchas ramas del saber, entre ellas la medicina y la farmacología moderna. Allí se inició la disección y autopsia científica en oposición a la cirugía de los barberos; allí se describe por primera vez la dinámica de la circulación cardiovascular dando origen a la fisiología moderna, allí se inicia la astronomía moderna, allí florecen las matemáticas. ¿Casualidad? En absoluto.

Sabemos por los historiadores que el atractivo más importante fue el incentivo, el apasionamiento, la motivación del entorno. También en este caso, al igual que en Florencia, no pocos científicos eran lugareños, lo que demuestra una vez más que la oportunidad de ejercitar, o no, nuestro talento personal, depende en gran parte de la motivación o desmotivación del entorno.

Es decir, José Luis, tenemos la obligación de crear un ambiente, de ofrecer incentivos, de contribuir a la motivación para entrar en una fase constructiva. Y desde ahora te digo: me gustaría que este libro terminase con un mensaje constructivo, esperanzador y motivador, con los ojos puestos en la educación. La reacción a nuestra realidad, por cruda que ésta parezca, no puede ser el escepticismo y el simple rechazo.

—Completamente de acuerdo. Vamos, comparto esa actitud constructiva para el libro, para la vida y para todo. Además, lo que estamos diciendo, el mero hecho de estar aquí es precisamente con ese propósito. No tendría sentido hacer un alto en nuestras vacaciones simplemente para criticar la vorágine en la que estamos inmersos. No, estamos aquí movidos por el afán de reflexionar y contribuir, desde nuestra modestia, a que los demás también lo hagan.

—José Luis, dime, ¿qué harías tú si ahora tuvieras... si todavía fueras profesor universitario en activo? Imagínate en el 2007, tienes cuarenta años, estás en la universidad, rodeado de jóvenes y ves todo lo que hemos estado hablando. ¿Qué harías? Para mí es muy importante saber qué haría una persona como tú.

La trampa del orden natural

—Mira, ni tengo cuarenta años ni estoy en activo, pero te voy a decir lo que hice cuando lo estaba. En aquellos tiempos, en los años cincuenta, se enseñaban cosas como que la familia es el orden natural de la sociedad. Pues bien, yo empezaba mis primeras clases diciendo algo, para mí, fundamental; les decía a mis alumnos: «Si yo tuviera facultades mágicas para transformar a los españoles les levantaría a todos la tapa de los sesos [en el sentido metafórico, naturalmente], y metería dentro un papelito que dijese: "El orden natural no es natural". Es decir, no me acepten ustedes la trampa del orden natural». Esto les decía y recalcaba hasta la pesadez: «No me acepten ustedes la trampa del orden natural». ¿Por qué le doy tanta importancia? Porque definir el matrimonio, la jerarquía, la monarquía o lo que quieras como orden natural, permite inmediatamente perseguir como enemigos y antinaturales o aberrantes a todo el que no está de acuerdo. Pues no, señores, eso no es orden natural, son conceptos creados por nosotros que podemos modificar.

—Interesante.

—Pues ésa era mi manera de inducir a la reflexión y pensamiento en todos los cursos.

—Como tema es muy interesante porque, claro, el problema es la complejidad del mundo en que nos movemos. A veces me pregunto si no habría que inventar algo para orientarse; salimos al mundo con el mismo peligro que los coches cuando hay una avería de semáforos. Es algo en lo que suelo pensar porque soy básicamente un entusiasta de la libertad, del determinismo personal...

—¡Ah, ahí está la trampa! Es que si no hay normas no hay libertad.

—Pero, la distinción que haces entre lo que es orden natural y lo que no, enlazado con la libertad individual...

—Mira, lo de las normas y la libertad está muy claro. Te lo explico con mi metáfora de la cometa. La he repetido muchísimo y suele resultar esclarecedora. La cometa vuela porque está atada. Fíjate bien, si tú coges una cometa y la tiras al aire sin más, no vuela; en cambio si está atada, la cuerda permite la resistencia contra el viento y la cometa vuela. Vuela porque está atada, ¿entiendes lo que quiero decir? Y la cola de la cometa tiene mucha importancia, de la cola depende muchísimo la posibilidad de vuelo, de equilibrio.

Pero si quieres otro ejemplo, ahí tienes a Beethoven. Siendo el gran músico que era, ya en su vejez, tomó clases de un especialista en el arte de la fuga. Albrechtberger, un músico casi desconocido, enseñaba al maestro consagrado, y, gracias al conocimiento de las estrictas y dificilísimas normas de la fuga, pudo Beethoven ser libre en la Gran Fuga, en la última o penúltima sonata.

Es decir, la cometa vuela porque está atada, las fugas se hacen si aprendes a no transgredir sus normas, la salud se valora porque hay enfermedad, el preso aprecia la libertad porque está encarcelado. A mí me parece evidente que no hay libertad sin normas.

Volvamos pues al tema de la motivación, al problema que me planteas: nuestro deber de encontrar incentivos. Sinceramente, creo que mientras el dinero sea el valor supremo de una civilización, que es lo que pasa en la nuestra, es muy difícil salir del hoyo. De todas las motivaciones que en este momento son posibles, porque la religiosa ha perdido mucha fuerza, yo no veo más que la ciencia.

La motivación superficial es fácil de conseguir, como bien saben los publicistas. Con un spot o un slogan acertado y pegadizo, venden lo que quieran. Pero la motivación más profunda de la que tú hablas, existe de manera individual; hay muchas carreras en las que se entra por vocación, o al menos satisfacción, y no por dinero. Eso es obvio. Ahora, de manera generalizada, el que manda es el dinero. Hasta los niños pequeños cuando les preguntas «qué quieres ser de mayor» contestan con argumentos económicos; quieren ser esto o lo otro porque ganan mucho dinero. O te contestan abiertamente que quieren ser millonarios. Estas respuestas se las he oído a niños de familias nada obsesionadas por el dinero, es decir, la motivación pecuniaria flota en el ambiente y cala incluso en aquellos niños que no la viven en el ámbito familiar.

Algunas veces, teorizando, he apuntado la posibilidad de que el dinero fuese temporal, las cuentas corrientes con fecha de caducidad o medidas de ese tipo para evitar el atesorarlo. La objeción inmediata suele ser: «Pero entonces nadie trabajaría». No se concibe el trabajo si no es por dinero. A eso contesto: bueno, el fraile no trabaja por dinero; el que elige la carrera militar, con todo lo que se quiera decir de ellos, no es para hacer fortuna; el investigador, aunque tenga que buscar la financiación de su proyecto, no pasa gran parte de su vida en un laboratorio por dinero; el docente y el médico que conscientemente eligen el sector público tampoco lo hacen por dinero.

O sea, sí existen motivaciones, el problema es encontrar la manera de generalizarlas, de que los ejemplos que acabo de poner lleguen a ser el modelo a seguir. Que los niños se planteen querer ser médico para curar enfermos y no porque el odontólogo y el ginecólogo de enfrente tienen chalet y un velero, pongamos por caso.

Tengo mucho interés por la ciencia, pero ¡ojo!, ya hemos visto cómo el cientifismo y el tecnicismo total causa daños al mismo tiempo que progresos.

Lo mismo que en un momento de la historia humana, gracias a la palabra, a la adquisición del lenguaje, se pasa del hombre natural al hombre cultural, cuya creación es todo nuestro entorno, nuestra cultura (es decir, supuso la transformación del medio ambiente), hoy estamos en puertas de la transformación del hombre mismo, físicamente hablando. La genética, la neurobiología, la nanotecnia... Si empiezas a modificar genéticamente al hombre, a implantarle chips en el cerebro y esas cosas, no sé a dónde vamos. Es difícil pronosticar qué clase de seres humanos nos sucederán y cuál será la organización social de ese ser físicamente modificado.

Pero no quiero fantasear ni hacer ciencia ficción. Importa encontrar una motivación. Como dices, varias veces al año reúnes a un grupo de jóvenes y los motivas; tú mismo eres autor de esas motivaciones. Hay muchos jóvenes motivados, cierto, pero no son mayoría. La gran mayoría está arrollada por el sistema. La ciencia con sus atractivos puede motivar a mucha gente porque obliga a pensar y proporciona el placer del descubrimiento. Si hubiera en las universidades, en las escuelas primarias y secundarias buenos...

—¿No te parece, José Luis, que una de las paradojas de la sociedad es que precisamente el educador está mal pagado? Al primero que has de motivar es al educador.

—Ciertamente, pero ¡cuidado! También el educador debe responder a otros estímulos aparte del dinero. Hay educadores que encuentran el placer en lo que hacen. Nosotros mismos, tú y yo, hemos renunciado a cargos bien remunerados porque hemos preferido volcarnos en la enseñanza y no escatimar tiempo y esfuerzos para nuestros alumnos. El propio rector que te puso el otro día el birrete, sin ir más lejos. No sé si sabes que fue discípulo mío, es coautor conmigo de un libro de economía y, sobre todo, es un buen amigo. Pues bien, en un momento determinado de su vida, ya casado, con hijas y una situación económica más bien justita, tuvo la oportunidad de pasarse al sector privado con un buen sueldo y prefirió la docencia. Aunque en nuestra civilización el dinero es el principal incentivo para trabajar, hemos de aspirar a que el educador tenga también otras motivaciones. De lo contrario, difícilmente podrá transmitir esos valores a sus educandos.

—Sí, eso es así, pero en la universidad, en medicina nos movemos por el grado académico: profesor asistente, profesor asociado, etc., y se da la circunstancia que el buen educador difícilmente puede ser promocionado. El que se promociona es el científico creativo, el que publica, ya no es cuestión de dinero. Lo que denuncio es que siendo la educación tan importante para la sociedad y generaciones futuras, quede relegada a un segundo plano.

—Claro, como tantos otros valores humanos que no se pueden cuantificar. Volvemos siempre a lo mismo: en una civilización dominada por el dinero y los economistas, lo no cuantificable no cuenta.

—Sí, un círculo vicioso. Para lograr que las generaciones venideras aspiren a algo más que al dinero, que sería un logro a largo plazo, necesitamos educadores motivados en el corto plazo, pero como la motivación no es cuantificable...

—Exactamente.

—Es muy difícil sostener una cosa cuyos beneficios son a largo plazo. Al menos en mi campo. Estamos tratando la enfermedad cardiovascular con bastante éxito, estamos salvando y prolongando vidas, pero no la estamos previniendo. Uno se pregunta: ¿dónde está el problema? Y la única respuesta es que no hay sistema que incentive la medicina preventiva. En otras palabras: un departamento dedicado a la prevención quiebra, no se sostiene económicamente. ¿Por qué? Por los seguros de enfermedad. Te hablo de Estados Unidos, aunque en España tampoco parece fácil implantar la medicina preventiva. Porque es a largo plazo y no la puedes cuantificar ahora, ¿eh, José Luis? Yo veo la educación y la prevención en paralelo.

—Claro, porque la prevención es educación. Y aquí hay un problema: tener que construir el futuro con las ideas y conceptos del pasado. En historia del arte está muy claro: llegaban los cristianos y tenían que hacer iglesias y basílicas con piedras de los templos romanos; llegaban los árabes y aprovechaban piedras de las basílicas visigodas para construir la mezquita de Córdoba, y así sucesivamente. Eso es terrible.

En economía los que piensan como yo, los disidentes de la corriente económica actual, si queremos exponer una teoría, tropezamos con los conceptos que ha elaborado la teoría anterior: la productividad, el consumo, la rentabilidad, y con eso no podemos hacer nada. Hay que saltar por encima de eso y aprovechar otro campo. Yo, por ejemplo, me he centrado en el desarrollo económico, que tiene tantos aspectos sociales, para atacar el aspecto exclusivamente económico.

En medicina, tu problema parece ser el mismo: implantar la prevención, cuya rentabilidad económica inmediata no se ve, en un campo donde lo que importa es precisamente la rentabilidad económica.

—Mmm, no deja de ser curioso: hemos empezado diciendo que estamos en una sociedad estresada, luego, hemos constatado que la juventud ya tomó la decisión de no estresarse y, finalmente, estamos intentando reconstruir una sociedad que no sea estresada pero que sea activista. O sea, que la realidad es compleja.

—Desde luego. Lo es y mucho.

—Bien, entremos ahora un poco en el terreno personal. Si yo me encuentro a este enfermo estresado, sea un ejecutivo o no lo sea, sea un estrés de trabajo o por cualquier otra causa, incluso por todo, ¿qué puedo recomendarle? Actualmente, al elaborar el historial clínico, incluyendo los aspectos psicológicos y sociales de mis pacientes, me encuentro con que un ochenta por ciento de ellos está bajo una situación de estrés. Esto no era así en los años ochenta-noventa, aunque entonces dominaba mucho la depresión. Precisamente hoy he leído un artículo de Rojas Marcos que pone de relieve este cambio.

¿Y qué le digo yo a este enfermo estresado? Pues le digo... No, espera, José Luis, te lo cuento y luego me manifiestas tu escepticismo.

La receta: relajación — ejercicio físico — reflexión

—Lo primero, José Luis, es explicarle algo absolutamente fundamental: que la vida tiene muchas facetas, y lo que no se debe hacer es poner todos los huevos en la misma cesta. Entramos en el tema de la diversidad personal, una discusión que quiero mantener contigo.

Yo a mis pacientes estresados les pregunto: «¿Qué otros hobbies tiene usted?». Y ellos, generalmente, repreguntan:

«¿Pero usted no es cardiólogo?». «Sí, soy cardiólogo, pero sus manifestaciones cardíacas en realidad no obedecen a enfermedad cardíaca, usted tiene palpitaciones porque está estresado y mientras no solucionemos ese problema, seguirá teniendo las palpitaciones que le han traído hoy a mi consulta.» O sea, tengo que entrar en las raíces. Y les hablo de la diversidad, de la necesidad de abrirse, de no desatender las demás facetas de la vida, la familia, el deporte, las aficiones y amistades, porque todas ellas tienen fallos y si uno sólo tiene un asidero, cuando éste falla, pierde la brújula. Hay que diversificar y compartimentar, que no esté todo unido, para que si va mal una faceta pueda compensar con las otras.

A continuación les hago una serie de recomendaciones que me dan buen resultado. Cuando hablo de resultados, me refiero sólo a mi experiencia, no tengo estudios estadísticos ni cuantificaciones. Hablo de mis vivencias en consulta.

Creo mucho en la comunicación, y siempre les recomiendo que comuniquen. Han de comunicar con quien quieran, con su hijo, hija, mujer, esposo, amigo, amiga, pero han de comunicar. Es fundamental. Si uno carece de autocrítica, primero tiene que aprender a abrirse para reconocer su problema con la ayuda de otra gente.

Cuando han entendido estas normas generales, primero les explico la necesidad de relajarse. La relajación física y mental es muy importante. No presumo de influencia oriental porque no he vivido allí, pero yo he leído a Tagore...

—Bueno, es un tema universal, pero allí lo han cultivado mucho más que nosotros.

—Exactamente, lo han cultivado, ésta es la realidad. Yo

incito a mis pacientes a cultivarlo. Les indico varias maneras de relajarse. Puede ser el yoga, puede ser el tai chi, o cualquier otro método, pero aprender a relajarse es fundamental. Encontrar un rato al día para ti mismo, para centrarte en algo completamente distinto que te permita sentirte en paz, *be on peace* que decimos.

—Estar en paz.

—Estar en paz implica salir de la vorágine. Lo segundo que les recomiendo es el ejercicio físico. En general objetan que no pueden, les cuesta moverse, no tienen tiempo, pero el problema es distinto. Yo insisto mucho en el ejercicio físico y luego te diré por qué. Finalmente, cuando te explique los mecanismos cerebrales, verás cómo mi tercera recomendación, la reflexión, se relaciona con las dos primeras.

O sea, relajación, ejercicio físico y reflexión.

Cuando los pacientes vienen a verme con la sintomatología típica: palpitaciones, dolor en el pecho, insomnio, escuchan su corazón durante la noche, llegan convencidos de que tienen serios problemas cardíacos, pero ésas son manifestaciones del estrés, de la ansiedad.

He obtenido resultados positivos con los ejecutivos y también con empleados de posiciones inferiores. Una de las cosas que hago es implicar al entorno. Les pido que me traigan a la familia, al amigo, a la amiga, a la persona más cercana. No para hacer terapia de grupo, no, simplemente para explicarles cómo ayudarse mejor unos a otros. Porque no tienen con quién hablar, ¿entiendes? Se ha perdido el hábito de hablar y de escuchar.

Ahora te hablaré de las teorías modernas de la función

cerebral, pero antes me gustaría oír tu reacción a lo que acabo de contar.

—Ya, mis reacciones. Mira, cuando tú preguntabas «¿qué les digo a esta gente?», apunté: «Cada uno tiene una respuesta, suelte lastre». «Suelte lastre», que es otra forma de expresar lo que tú dices, porque «soltar lastre» significa «concéntrese».

Pero tú recomiendas tres cosas que, fíjate, corresponden exactamente a mi visión de lo que es el ser humano. Frente a la dicotomía cuerpo-alma que nos presenta la religión católica, prefiero lo que, en cierto modo, ya decían los griegos y dicen mucho más los orientales e incluso los islámicos; prefiero hablar de cuerpo y cerebro, o cuerpo y mente, porque «cerebro» o «mente» no son espíritu, que es otra cosa completamente distinta.

Tus tres consejos corresponden a esa organización. El ejercicio físico al cuerpo, la reflexión al cerebro y la relajación al espíritu.

Mundo natural – mundo cultural

—Ayer te decía —continúa Sampedro— que vivimos en dos mundos distintos a la vez, un mundo natural y un mundo cultural. Ambos están imbricados, los dos forman un solo mundo, pero son muy diferentes. El hombre puede transformar sólo hasta cierto punto el mundo natural, pero en el mundo cultural puede hacer lo que le dé la gana porque la palabra puede fantasear como quiera y equivocarse hasta el infinito para luego estrellarse contra las piedras del mundo natural. Porque el mundo natural es de piedra y el mundo cultural es de palabra, cosas completamente distintas.

Hemos dicho que el ejercicio corresponde al cuerpo. Desde el punto de vista biológico ya me lo explicarás y tendrás razón, no me cabe duda, pero desde mi punto de vista el ejercicio físico consiste, por así decir, en respetar lo que hay de estrictamente natural en el hombre; respetarlo, cultivarlo, no olvidarlo, y tributarle respeto. El ejercicio físico sitúa a quien lo practica en el mundo natural al que pertenece, lo instala y le da seguridad.

La reflexión, en cambio, corresponde a la razón, al cerebro, es la lógica, la forma de pensar razonable. El cuerpo es mucho más intuitivo, pero el cerebro es la razón.

La relajación va más allá, corresponde al espíritu. En la evolución podemos ver cómo se pasa de la célula a toda la serie de seres hasta el hombre. Y dentro del hombre, la vanguardia de la evolución no es el cuerpo ni la mente, es el espíritu. Para mí, el espíritu es el plus ultra, el más allá, la chispa de la vida. Yo concibo la vida como energía cósmica y esa energía cósmica la tienes en el espíritu. Relajarte permite, en cierto modo, asomarte a una especie de vacío fructífero. Hablas de la importancia de la comunicación. Ciertamente, la comunicación es importantísima, pero la fundamental, la que alcanzas en la relajación, es la comunicación con el tú que tienes dentro y al que no conoces bien.

—Esto que dices es importante —asiente Fuster paladeando las palabras—. Fundamental.

Fíjate, yo hablo mucho en voz alta. Debo pasar por loco, pero hablo en voz alta para oírme; me parece que razono mejor si oigo mi discurso que simplemente pensando. En general, busco la eficacia y la cercanía de mi interlocutor, de manera directa, no vaga ni abstracta.

—Tú lo expresas con palabras de biólogo, de médico investigador y clínico; yo con las de escritor, pero hablamos de algo concreto. La distinción entre cerebro y espíritu frente a la idea del alma es fundamental. El cerebro es el asiento del espíritu, pero sólo responde racionalmente.

¿Recuerdas que ayer te expliqué mi costumbre de hacer de esponja sentándome en un banco y dejar que el entorno vaya penetrando en mí, precisamente para eso, para liberar el cerebro? Hoy te cuento otra técnica a la que también recurro con frecuencia: hacer solitarios con las cartas. Eso me obliga a pensar en el solitario que estoy haciendo, pero un juego tan sencillo no absorbe más que una parte pequeña de mi cerebro, la justa para impedirme pensar deliberadamente en cosas más importantes. Mientras, el resto de mi cerebro concibe, imagina, vuela y se adentra en lo que no conozco; para eso necesito dejar de dirigirlo yo y que él se vacíe. Los grandes místicos consiguen ese vacío sin necesidad de juegos de cartas ni nada. Ellos saben aislarse, yo cuando intento meditar y no pensar, me dura muy poco, enseguida empiezo a pensar algo.

Pero con estas reflexiones no estamos hablando de civilización occidental o civilización oriental, estamos abordando una visión completa del ser humano y del mundo.

—Totalmente de acuerdo. Y, además, es importante porque ahora veremos la influencia de todo ello sobre la autoestima del individuo.

Nos habíamos quedado en el problema de la persona que se está transformando, que está recobrando el dominio de sí mismo, la capacidad de decisión. Hablábamos de la felicidad o satisfacción y las tres premisas para lograrla, ¿recuerdas?

—Sí, sí, claro.

—Bien, pues ahora vamos a relacionar estos tres aspectos: relajación, ejercicio, reflexión y el paralelismo que tú has establecido (espíritu, cuerpo, mente) con el funcionamiento cerebral. Vamos a dedicar el rato que nos queda a hablar del cerebro. ¿Te parece?

—Me parece muy bien. Estoy seguro de que voy a aprender muchas cosas interesantes. El cerebro es un tema apasionante. ¡Adelante!

El poder cognitivo del cerebro

—Ayer, José Luis, planteamos una pregunta muy actual: ¿cuánto hay de genética y cuánto de adquirido? Hoy me gustaría hablar de la importancia que tiene la función cerebral en nuestra vida y cómo la podemos modificar. Es fundamental saber cómo funcionamos y el órgano más complejo del organismo es precisamente el cerebro. El corazón mantiene la vida, pero del cerebro depende la calidad de vida en un sentido amplio. Déjame describir lo que son cuatro aspectos de la función cerebral.

Desde el punto de vista de la evolución es indiscutible que en los organismos más primitivos lo fundamental es la supervivencia. No creo que esto plantee duda alguna. Es decir, el cerebro tiene, sobre todo, una función de supervivencia. Toda la percepción, todo el proceso es sobrevivir físicamente o no. Un paseo por la selva es suficiente para darse cuenta de ello de manera tangible. La organización de la vida selvática me ha dado mucho que pensar porque, en realidad, la supervivencia supone que uno se come al otro. Esto es duro de aceptar, pero es una realidad. Tú comes carne o pescado, el león se come al elefante...

—Y lo que le pongan por delante. Por algo decimos «comer como leones».

—Claro, es una realidad de la que no hay escapatoria posible. A esto no tenemos que buscar soluciones ahora porque el poder de la supervivencia es una realidad ineludible. La supervivencia es un hecho primitivo a nivel cerebral.

—Sí, sí.

—Bien, ése es el primer punto. Pero el cerebro ha evolucionado, sobre todo a través del lóbulo frontal. Ha evolucionado en un aspecto que genéricamente ya no es de supervivencia sino cognitivo.

Entramos pues en el segundo punto, el poder cognitivo del cerebro. Estamos hablando del poder de percepción, de atención, de memoria. Estamos hablando del poder del lenguaje, o de comunicación y de inteligencia. Hasta hace muy poco se pensaba que estos campos eran independientes entre sí, ubicados cada uno de ellos en distintos centros cerebrales. Esto no es así. Están en una interacción constante, forman lo que llamamos redes cerebrales.

Mi hermano, Joaquín Fuster, un excelente neurofisiólogo de la UCLA, en California, ha trabajado mucho en esto.

—¡Ah! Vimos el artículo en *El País*, y comentamos la coincidencia del apellido, pero no sabía que era hermano tuyo.

—Sí, sí. Ha contribuido mucho a la investigación sobre el lóbulo frontal y tiene mucho escrito sobre el tema. Pero ésta es una teoría aceptada. Actualmente se sabe que no son centros distintos, que está todo unido, son unas redes interconectadas.

Aclarar este concepto es muy importante para todo lo que estamos hablando en este libro. Fíjate bien, José Luis, en el momento que dejas de estimular cualquiera de estos aspectos del poder cognitivo, se van al traste todos. ¿Te das cuenta?

—¿Algo así como las fichas de dominó?

—Como una ficha de domino... Por ejemplo, una persona que, debido a una enfermedad, la que sea, deja de leer el periódico, es muy probable que empiece a fallarle la memoria. Entonces su entorno dirá: «Está entrando en un proceso de degeneración senil». Y no, no es una degeneración senil, es que un aspecto de su poder cognitivo (la lectura) está afectando al otro (la memoria). Todo empezó con una enfermedad orgánica y, sin embargo, ya no concibe como antes.

En cardiología es relativamente frecuente que un individuo, tras sufrir un infarto importante, decida dejar de leer prensa diaria. Por la preocupación, porque centra el interés en su persona, por lo que sea, decide no leer el periódico cada día. Pierde ese interés. El siguiente paso es la pérdida de memoria.

A continuación pierde capacidad de concentración. El siguiente paso es que ya no hace caso de las recomendaciones, se abandona a la inmovilidad e inactividad. Lo que os estoy explicando es tan importante que sin ello no podéis entender bien el alcance de mis tres recomendaciones: actividad física, reflexión y relajación. Ya veis que no se trata de un rito, que lo que les digo a mis pacientes tiene fundamento fisiológico. Está basado en los postulados de la ciencia moderna.

Lo que os estoy explicando es ciencia moderna. Cuando hablo de la necesidad de reflexionar, de hacer ejercicio, que estimula las endomorfinas, de practicar técnicas de relajación, es porque todo lo que os estoy diciendo está estimulando las redes cognitivas del cerebro. ¿Me entendéis?

—No sólo entendemos, es que me impresionas; al escucharte, estoy viendo a ciertas personas de nuestro entorno. Vamos, que las estás retratando.

—Naturalmente. Aunque ignores los fundamentos científicos, no necesitas ser médico para observar estos síntomas tan frecuentes en los que te rodean.

—Está claro.

—Pero me interesa explicártelo porque cuando se dice: «El ejercicio sube el colesterol bueno de la sangre», pues, sí, es verdad, pero no sé qué impacto directo tiene. En cambio, está muy claro el impacto en la conducta del individuo. Es decir, se ha visto en los estudios más recientes que quienes hacen ejercicio físico, practican relajación y reflexionan, quienes se ejercitan haciendo crucigramas, tienen un poder intelectual más elevado, viven más tiempo, e incluso con mejor calidad de vida.

Y esto todavía no es entrar en la vejez. De momento, estoy hablando del individuo atrapado por el estrés y de las tres cosas que le pueden ayudar a salir de la situación que le ha llevado al médico. Porque si ese paciente es constante, estas tres cosas entran en el cerebro y empieza a encontrarse mejor.

—Claro.

—El individuo se encuentra distinto.

Mira, yo hago ejercicio físico cuatro días a la semana. Estoy un poco loco, lo admito, porque algunos días lo hago entre las doce de la noche y la una de la mañana. Pero es una locura pensada. Porque yo sé que a las cinco de la mañana entraré en el hospital y funcionaré mejor habiendo hecho ejercicio, aunque sea a horas intempestivas, que si no lo hubiera hecho. ¿Es una locura? Pues depende de las prioridades que establezcas. Para mí, hacer ejercicio físico es prioritario.

Estamos entrando en el ámbito estrictamente personal. Y así como vimos que no podemos hacer nada respecto al instinto de supervivencia, sí podemos modelar el aspecto cognitivo de la persona, que le proporciona fuerza, entusiasmo, energía, en fin: la motivación y el impulso vital.

—Es decir, que si un paciente viene estresado y se supone que lo está, debido a su entorno (circunstancia laboral, familiar...), puede mejorar con la relajación, ejercicio y reflexión, aun cuando no se modifique (porque no siempre se puede) el entorno estresante. El mundo que rodea a cada uno, el entorno de cada uno, en buena parte, está creado por uno mismo porque estamos interpretando lo que nos rodea. Por tanto, si varías la interpretación de lo que te rodea, en cierto modo, es como si variaras tu entorno.

—Sí, tu trabajo sigue siendo el mismo, sigue sin gustarte, pero ya no te dejas dominar ni agobiar, te planteas seriamente buscar otro y, mientras tanto, aceptas pasar por alto algunas cosas, por poner un ejemplo. Tampoco puedes cambiar a tus padres, hijos y hermanos, pero puedes conseguir que la diferencia de caracteres ya no te afecte como antes y se produzcan menos choques.

Y cuando se consigue combinar razonablemente la autoestima y el autodominio, el individuo estresado empieza a mejorar, pero es importante que esa transformación no sea brusca, que sea un proceso constante y paulatino. No es un trabajo de cuatro días; esta gente necesita una «monitorización» absoluta. Sobre todo, por el entorno. Yo los cito en consulta, para seguimiento, con una periodicidad de tres meses. Algunos colegas me preguntan para qué les hago volver «si no tienen nada, sólo unas palpitaciones». Yo les explico que por otras razones.

La continuidad es muy importante. Cualquier persona obesa puede hacer una dieta que le haga perder diez kilos en poco tiempo para acudir a la boda de su hermana, pero es casi seguro que no tardará en recuperarlos. ¿Por qué? Quien actúa así, generalmente, carece de la autoestima suficiente, simplemente ha sentido la necesidad de obtener un resultado a corto plazo para un evento concreto. El caso de las «dietas milagro» es muy típico. La dieta que puede motivar a largo plazo es la que plantea perder medio kilo al mes. Y si el paciente me dice que no puede, pues le concedo que sea cada dos meses. Como tú decías, pretender abarcar más de lo que se puede es contraproducente. Lo que intento es que, paso a paso, a base de pequeños logros, vayan adquiriendo control sobre sus vidas porque recuperando autoestima y autodominio, ya adelgazarán. *La ciencia de la salud* tuvo mucho éxito entre los obesos. No soy dietista, pero conozco el cerebro.

—Claro.

—Sí, lo que necesita la persona para perder peso es encontrar la motivación, la motivación de dos días no sirve para nada.

Os pongo estos ejemplos porque nos hemos planteado qué hacer con esta persona estresada en un mundo mecanizado. Y yo creo que podemos hacer muchísimo entrando en la función cerebral. Es la visión que quería transmitirte, José Luis.

—Una visión que encaja perfectamente en lo que venimos diciendo. Nuevamente veo claro el paralelismo entre tus descripciones biológicas y mis diagnósticos sociales. He hablado de la necesidad absoluta de una coordinación entre todos los elementos de la sociedad. Decíamos que la complejidad para ser viable tiene que estar coordinada, hablábamos de la necesidad de normas. Exactamente igual que tu explicación sobre las redes cerebrales. Esta complejidad que es el ser humano, el cerebro, el cuerpo, el espíritu, necesitan una perfecta coordinación porque en cuanto se descuida uno, falla todo el sistema. Claro, ésa es la cuestión.

Y en relación a la idea de la supervivencia primitiva que ni podemos resolver ni hay por qué planteárselo, sabes, yo soy ferviente admirador de Schopenhauer, que ve el mundo como voluntad y representación. La voluntad significa la voluntad de vivir y ésa la tenemos todos. Pero desde mi ignorancia quisiera preguntarte, ya que hablamos del cerebro, qué pasa con las funciones intermedias entre lo racional y lo irracional del hipotálamo. ¿Qué pasa con el hipotálamo?

—Bueno, como he dicho hay cuatro aspectos en el cerebro. Yo he tocado sólo dos, la función de la supervivencia y el poder cognitivo, y desde el punto de vista evolucionista porque son las interesantes para la discusión de los problemas planteados, pero en realidad hay dos más.

—¿El cerebelo?

—No. Fíjate, no estoy hablando de anatomía sino de fisiología.

El cerebro tiene un tercer aspecto, que es el de monitorización del organismo a través de hormonas y estímulos nerviosos. La hipófisis, «por orden» del hipotálamo, segrega hormonas que determinan que tu corazón vaya más o menos acelerado, condicionan tu función sexual, etc. Éstas son funciones comunes a todo el reino animal, naturalmente con sus diferencias. En la evolución, el hombre ha sido un factor esencial, pero ¿en qué se diferencia de los animales?

En esta materia yo he experimentado una transformación bastante importante. Antes, tal vez por la educación recibida, yo creía que el hombre era un ser completamente distinto al animal. Hasta que he tenido animales en casa y, al observar, por ejemplo, las reacciones de los gatos, sus conductas, sus manifestaciones afectivas, incluso su lenguaje (porque se hablan entre ellos), los he encontrado iguales o muy parecidos a los hombres. Y he llegado a la conclusión contraria: que no hay diferencia entre un gato y un hombre, salvo en un campo cerebral, el cuarto aspecto a comentar. El más artístico porque, efectivamente, no vas a encontrar un gato que pinte *Las Meninas* o componga una sinfonía. Ése es un campo por descubrir; de los cuatro a los que me he referido, el más desconocido es precisamente el más elevado, el menos cuantificable, el más espiritual y el menos explicable. Y ahí sí hay diferencias entre el hombre y los animales. Pero es el único. ¿Comprendes?

Me ha interesado mucho el lenguaje de los pájaros. Bueno, entendámonos, soy un amateur absoluto, no he pateado el campo a las tres de la mañana ni he pertenecido a ningún grupo ornitológico, ¿eh? Simplemente he leído. Además, vivo muy cerca del Central Park y me levanto a las cuatro de la mañana. Lo que oigo a esas horas es impresionante. Depende de la época del año, porque el canto de los pájaros difiere según la época. Pero los escucho cada mañana, y te aseguro que se hablan. Habla un grupo y el otro contesta. Repito, es impresionante. La transmisión de la comunicación es distinta a la nuestra, hay un lenguaje. Al oír esa coordinación perfecta, a veces, me parece una pieza musical, pero ahí ya entramos en esa área no cuantificable.

—Claro, tan poco cuantificable como el pasar de lo natural a la palabra. Vamos a ver: ¿qué diferencia hay entre los genes del chimpancé y los del hombre? Parece que mínima, según las últimas investigaciones. Pero entre esas mínimas diferencias, está la palabra y ése es un salto decisivo, como la posibilidad de ser o no pintor que señalas a propósito del gato.

—El tema de la palabra es interesante. Se dice eso mismo que acabas de explicar, que el lenguaje es la distinción entre el animal y el ser humano, pero no estoy tan seguro de que eso sea así porque los animales hablan entre sí. Por eso he hecho el inciso de los pájaros. ¿Entiendes?

—De acuerdo, te lo diré de otro modo. Efectivamente ellos se hablan entre sí, pero no escriben. Nosotros hablamos y escribimos, es decir, a diferencia del pájaro, hemos conseguido un lenguaje que permite escribir, permite acumular conocimientos. A partir de ese momento...

—Explícate.

—Sí, porque los animales hablan pero es otro lenguaje. Si me apuras, siguiendo con tu ejemplo, aunque el perro no será pintor, seguramente tiene imágenes en la cabeza. Lo que no tiene son medios, recursos mentales para transformar esas imágenes y exteriorizarlas. El proceso de la expresión artística sería el mismo que el de la escritura respecto del lenguaje.

—Claro, estamos hablando del evolucionismo, en cuanto al aspecto humano. Eso inevitablemente conduce al tema del espíritu, del alma en el sentido genérico: el cuarto aspecto cerebral. Un tema muy, muy difícil para la discusión porque no es tangible. Sin embargo, al menos en el estado actual de conocimientos, me parece que es lo que realmente distingue al hombre.

—Sin duda.

—Ayer te pregunté acerca de la libertad y dijiste, con los

debidos matices, que crees en la libertad interior del ser humano. Ahora mi pregunta sería: ¿crees en la libertad del animal o la libertad también pertenece a esa esfera superior, o cuarto aspecto cerebral, que tanto desconocemos?

—Bueno, creo que, dentro de sus límites, el animal tiene libertad. No creo que sea consciente de ser libre, no imagino que se plantee la idea, no veo al pájaro pensando: «Hago mi nido aquí porque soy libre». Pero es cierto que elige un árbol y no otro. Evidentemente, el hacer el nido aquí y no allí es una decisión del pájaro, pero yo diría que su libertad está mucho más condicionada por factores naturales, mientras que la nuestra lo está más por factores culturales. Y como en los factores culturales se puede influir mucho más que en los naturales, somos más libres que los animales. Nuestra libertad permite aceptar las condiciones que la condicionan, valga la redundancia. No sé si consigo explicarme.

—Perfectamente, te explicas muy bien y estoy de acuerdo con lo que estás diciendo. Sabes, para mí el humanista es un individuo que busca un orden moral, recalco, moral, no religioso, y creo que en este aspecto hay una diferencia con los animales.

—Sin duda alguna. En el momento en que decimos moral, decimos humano por fuerza. Porque en el animal hay un orden, pero un orden natural. Es decir, en principio, los lobos no se devoran unos a otros. No sé lo que pueden hacer en una situación excepcional de hambre o de crisis, pero en principio no se comen. Pero responden al instinto. ¿Qué es el instinto? Pues la verdad es que no lo sé muy bien, pero claro, cuando ves que unas aves conocen el trayecto desde el Sudán hasta Suecia, que habiendo nacido de un huevo en el Sudán y sin saber nada, por supuesto sin haber estudiado geografía, enfilan el vuelo y llegan, uno se pregunta qué hay ahí. Ahí se ve claramente la diferencia entre «moral» y «natural».

Por cierto, como ya estamos terminando, permíteme al hilo de todo esto, evocar el recuerdo de una columna de Manuel Vicent de hace ya unos años. En ella contaba, con la fuerza narrativa que le caracteriza, la historia de un pollito que entra en una familia para diversión de los niños, uno de esos regalitos, ya sabes. Pasa el tiempo, el pollo crece, deja de ser un juguete y, un buen día, los adultos deciden meter el pollo en la paella. Todos se chupan los dedos y el único que rehúsa comer los huesos ese día es el perro de la casa. Me llamó la atención en su día y ahora la he recordado al oírte hablar de nuestras similitudes y diferencias con los animales.

—¡Caramba! No me extraña; tanto si es cierta como inventada, la historia del pollito y el perro de la casa tiene, en efecto, bastante que ver con lo que hemos hablado. El perro actúa de manera libre pero con un «toque» de espíritu, de «alma»; creo que siendo un ejemplo muy cercano al hombre es, naturalmente, aún lejano valorándolo desde el punto de vista de este cuarto aspecto cerebral al que he aludido, es decir, aquel que relaciona ciertos aspectos de la libertad y el espíritu.

Bueno, José Luis, ya que estamos de acuerdo en que podemos, en cierta manera, modificar nuestra actitud, tendremos que entrar en temas tan relacionados con la espiritualidad como la muerte y la vejez. Son temas distintos, pero guardan relación...

—Naturalmente, no son temas desligados —asiente Sampedro—. En realidad es la continuación lógica. Y tendremos que volver sobre temas básicos. ¡Uy! Me temo que nos vamos a quedar cortos.

—Solución: el año que viene un segundo tomo —replican casi al unísono.

—Eso, escribimos un segundo tomo el año que viene.

—Con un lema inicial que diga: «Para los que no hayan entendido el primero» —bromea Sampedro y se despiden hasta la tarde.

La segunda vida

El diálogo se inicia en un ambiente más distendido. La rigidez de los primeros momentos ha desaparecido por completo, los interlocutores se sienten cada vez más confiados, sin miedo a interrumpirse ni a las bromas e incisos off the record. *En consecuencia, el diálogo es más vivo, pero también más difícil de transmitir al lector en su integridad, lo que obliga a ciertos cambios sin por ello escatimarles lo esencial.*

Partiendo de lo tratado sobre la capacidad cognitiva, deciden abordar el tema de la vejez y la espiritualidad. Valentín Fuster toma la iniciativa.

—Si mal no recuerdo, hemos hablado de la estimulación constante del aspecto cognitivo cerebral. En relación con ello, creo haber explicado que el cerebro estaba dividido en cuatro aspectos de los cuales hay tres cuyo funcionamiento ya conocemos o empezamos a conocer bastante, pero hay uno, el relacionado con el arte, la espiritualidad, el orden moral, el humanismo, que escapa al conocimiento actual. Sería el aspecto que diferencia al hombre del animal.

—Que no está acotado biológicamente.

—No está suficientemente acotado. Y es un tema importante por la interdependencia. Podría haber una dependencia del aspecto cognitivo, la atención, la memoria, etc. Por ejemplo: le das algo a alguien y tu cerebro registra la sensación gratificante y eso te hace repetir la oferta, es decir, en cierto modo, modula tu actitud dadivosa. De lo que se deduce que hay alguna relación entre otros aspectos más tangibles y ese sentido más sublime.

Hago este repaso para acotar mejor nuestra discusión de hoy. Porque partiendo de estos conocimientos, si profundizamos en el segundo aspecto cerebral, en la estimulación cognitiva con el ejercicio y la reflexión, entramos en los temas de la vejez (que puede centrarnos más específicamente en el cuarto aspecto cerebral más desconocido) para, de esta manera, conectar directamente con la espiritualidad y el humanismo.

Yo sugeriría hablar primero de la vejez y retomar el cuarto aspecto, el tema de la espiritualidad, cuando hablemos de la muerte.

—Además, la vejez la tenemos, por decirlo así, más a la vista —bromea Sampedro aludiendo a sus noventa años.

—No, hombre, estoy hablando en serio. Desde el punto de vista del pensamiento racional sabemos más, acotamos más la vejez. Vamos a ver. Para empezar, no me gusta la palabra vejez.

—¿No te gusta la vejez?

—No, lo que no me gusta es la palabra por las connotaciones negativas con las que se ha ido cargando. Y no sólo eso; el término «vejez» resulta superficial, se queda corto, no concreta. Hay quien establece la vejez en los sesenta y cinco, otros a los setenta y cinco o a los noventa. Mi madre murió hace poco con más de cien años y tenía una vitalidad extraordinaria. Y no es un caso aislado; veo a bastantes pacientes centenarios con una buena vitalidad conservada. Por eso creo que, en lugar de «vejez», deberíamos hablar de disminución de vitalidad física e intelectual.

—Empecemos por constatar que la vejez y la edad son cosas diferentes.

Jubilación o júbilo

—De acuerdo. A mí me gustaría hablar del tema del retiro, de la jubilación —continúa Fuster—, lo cual equivale a una declaración oficial de inutilidad del individuo. Para empezar, debo decir que me parece un acto contra natura. Por cierto, me ha gustado mucho tu distinción entre el orden natural y el cultural.

Decirle a alguien «tú ya no eres útil», sólo porque ha cumplido sesenta y cinco años, me parece contra natura porque hoy en día hay un elevado porcentaje de gente por encima de esa edad que se ve obligada a retirarse en perfectas condiciones físicas e intelectuales.

—Claro.

—Comprendo que en la industria, la tecnología ha desplazado al hombre, disminuyendo puestos de trabajo, pero el elemento humano se necesita en muchísimos aspectos de la sociedad. También es cierto que se pierden facultades y que resulta difícil adaptarse a las nuevas tecnologías. Pero ante eso, opino que, si realmente debe producirse un retiro profesional en el campo en el que se ha estado desempeñando un puesto, es importante que el individuo con buena vitalidad física y capacidades cognitivas tenga otro encaje en la sociedad. Y aquí nos encontramos con un problema muy personal: por regla general, a la gente no le gusta bajar de nivel.

Por ejemplo: si soy director de un instituto cardiológico y me retiran estando intelectualmente activo pero se me asigna un puesto para practicar una técnica concreta que domino bien dentro de la cardiología, eso, evidentemente, es bajarme mucho de nivel. Éste es uno de los problemas de una sociedad que necesita capacidad humana, pero se encuentra con resistencias por ambas partes (empleador y empleado). También está el problema económico porque tanto el retiro como el bajar de nivel suponen una merma en los ingresos. Esto es algo que me recuerdan constantemente. En estos últimos años, desde que empecé a hablar del tema, recibo muchas cartas de personas jubiladas pidiéndome que no les moleste. Naturalmente no quieren perder su pensión. Pero yo abordo un problema social desde mi experiencia médica.

No soy sociólogo, me estoy metiendo en tu terreno, pero me encuentro absolutamente sumergido en el tema porque, en la práctica, aproximadamente un treinta o cuarenta por ciento de los enfermos atendidos tienen más de sesenta y cinco años. Cuando le pregunto a un paciente ¿qué haces, a qué te dedicas?, un ejemplo de respuesta es que pasa el invierno en Florida jugando al golf o al tenis porque se ha retirado. En esos casos pienso que una persona útil se ha convertido en inútil, lo cual, de acuerdo a mis principios, va en contra de la responsabilidad social.

Me resulta incomprensible que habiendo falta de médicos, se retiren a los sesenta y cinco. ¿Por qué? No he entrado en los motivos. Sólo os cuento un proceso fenomenológico y os estoy preguntando: ¿por qué? Yo no tengo idea, no le encuentro sentido.

—Creo que puede ser la presión interesada de los que vienen detrás. Mira, te voy a contar lo que me pasó cuando, recién jubilado, quise seguir siendo útil y sin ningún problema para aceptar el bajón de nivel que señalabas.

Al retirarme, se me ocurrió ofrecer mis servicios a la Escuela de Magisterio que estaba muy cerca de mi casa. No pedía sueldo, ni impartir una asignatura del plan de estudios. Simplemente ofrecía mis conocimientos como voluntario a quienes también voluntariamente quisieran adquirirlos. En aquella época no se enseñaba economía en el bachillerato y los maestros no tenían idea, de modo que me pareció útil enseñarles lo más elemental. Lo único que necesitaba es que me habilitaran un despacho, aula o el lugar que estimaran oportuno, para que tanto alumnos como profesores interesados en algún rudimento de economía, tuvieran la oportunidad de consultarme. ¿Sabes cuál fue la respuesta? Que para impartir enseñanza en el centro, debía hacer oposiciones. ¡Imagínate! Naturalmente contesté que ya había aprobado tres oposiciones, la última de catedrático de universidad, lo que me parecía suficiente prueba de competencia docente. Pero el reglamento, la burocracia, la falta de voluntad, o de todo un poco, el caso es que me rechazaron.

Mucha gente ansía el momento de la jubilación para «tirar la toalla» y dedicarse únicamente al ocio, pero otra gente se da cuenta de que si no hace algo, se oxida y se pudre, no es que se desgaste, es que se corrompe. Lo sabrás tú mejor que yo: el señor que se va a un club y sólo se dedica a charlar con los amigos, jugar a las cartas, se muere más deprisa que si continúa haciendo algo.

—Desde luego, el aspecto cognitivo baja enormemente, y eso, como hemos visto antes, acarrea una baja de la autoestima.

—Claro.

—Y, además, conduce al aislamiento y a la neurosis. Es típico que un paciente retirado te cuente que hace muchas cosas, pero cuando penetras, te percatas de que estás frente a un ser aislado, que creía haber alcanzado su libertad para hacer lo que le viniera en gana, pero a la postre, sin un camino trazado, se ha convertido en una persona aislada.

—Ya ni saben lo que querían hacer mientras soñaban con el tiempo para hacerlo.

—Por eso tenemos que estar preparados para ejercer nuestro talento en una segunda fase de la vida. Éste es un gran problema de la sociedad. Creo que si no nos necesitan en el terreno en que somos expertos (y ya digo, cuestiono lo que está pasando en el campo de la medicina), pero si no nos necesitan, tendremos que encontrar el terreno en el que podamos ser eficaces, que nos permita la sensación de seguir intelectualmente vivos, de manera que no nos mine la autoestima. La estima personal. Porque de lo contrario, se entra en un estado que es el reverso del estrés, se pasa del estrés a la depresión. Es algo que veo con frecuencia, es típico de la sociedad actual. Así como os decía que la depresión era una cosa de los años noventa en el individuo profesionalmente activo, hoy en día estamos viendo que se pasa del estrés a la depresión precisamente por el cese de actividad. Es una caída, y aunque existen muchos mecanismos para superarla, el principal la alegría de sentirse libre, parece que todos necesitamos un camino trazado para no perdernos. Es lo que observo como médico.

—Sí, en cierto modo, volvemos a la metáfora de la cometa. Comparto contigo la preocupación de buscar una actividad en la que se pueda desempeñar un papel digno tras la jubilación. Es cierto que se pierden facultades, pero no es menos cierto que la acumulación de experiencias a lo largo de los años facilita una visión global de las cosas y proporciona unas posibilidades de reflexión serena que no se tienen de joven aunque tengas enormes capacidades cognitivas.

En las juntas directivas del banco, en más de una ocasión tras darle vueltas a un problema, de pronto intervenía un señor mayor sin capacidad ejecutiva y arrojaba luz sobre la cuestión con algún detalle que no habían visto los jóvenes. En el mundo de la gran empresa existe la figura del consejero. Suelen ser ejecutivos retirados que aportan su experiencia con voz pero sin voto; ya no mandan ni deciden, pero estudian y son oídos en los consejos.

—Exactamente, de eso se trata.

—Sí, incluso leí un estudio hace poco, según el cual las empresas designan consejeros no sólo entre antiguos directivos, también reclutando personas independientes, de fuera e incluso de otros campos como la filosofía, la literatura, es decir, los estudios humanísticos en general, que puedan aportar puntos de vista distintos a los del consejero típico.

—Ya. Eso está bien, aunque sólo son medidas paliativas.

—Claro, evidentemente sólo es un ejemplo, no lo planteo como una solución global.

—Sí, pero apunta un camino. Dime, José Luis, ¿qué opinas tú del voluntariado?

—A mí, en general, me parece bien, pero, claro, hay que analizar las condiciones y encauzarlo para evitar el oportunismo. Volvemos a algo que tú recalcas mucho: el sentido de responsabilidad. Si un voluntario se apunta a un servicio por motivaciones distintas a las de la responsabilidad social, qué sé yo, por presumir, porque está de moda, por divertirse un rato, me parece peor el remedio que la enfermedad.

—Pero insisto, hay que avanzar en el aspecto de saber aceptar trabajos de nivel inferior porque, para lograr una sociedad que pueda gratificar al individuo jubilado, es imprescindible que éste acepte hacer trabajos inferiores a los que desempeñó en su vida laboral activa. Yo siempre digo que si un día la sociedad me necesitara para conducir una ambulancia, creo que lo haría de buen grado. Y como yo, mucha gente; no creo ser el único.

—Sí, en ese sentido se podrían hacer muchas cosas. Podría llevarse un registro de profesionales jubilados disponibles al que acudirían las personas con un problema concreto en busca de solución. Algo así como un instituto de empleo del voluntariado.

Pero ¡ojo!, hay otro problema a tener en cuenta. No vaya a ser que con el pretexto de la autoestima del jubilado se produzca una sobreexplotación. Algo que ya está pasando con las abuelas, por ejemplo, sobre quienes gravita el cuidado de los nietos y las tareas domésticas de sus hijos para que éstos y sus parejas puedan trabajar y hacer su vida. Las distintas administraciones no deberían hacer dejación de sus funciones. El voluntariado debería ser un plus, no un sustituto de los servicios del Estado de bienestar.

—El problema es complejo, no cabe duda. Yo creo que el voluntario debería percibir algún tipo de subvención. Algo tangible, medible. Una cosa es que trabaje voluntariamente en una tarea de inferior categoría pudiendo no hacer nada, y otra es que se trate por igual al que manifiesta ese sentido de responsabilidad como al que permanece ocioso sin motivo. Pese a la complejidad de la cuestión, algo habrá que hacer, porque el crecimiento de población retirada en buenas condiciones físicas es un hecho.

—Sí, es impresionante. Si se está prolongando y mejorando la calidad de vida de la gente, lo razonable sería adaptar la organización social a esa realidad y no seguir considerando inútil a un segmento de la población que ya no lo es. Antes has utilizado una expresión muy adecuada: prepararse para una segunda vida. «Segunda vida» es un término importante que, de paso, puede servir para dar un aspecto positivo. Sustituir el término «jubilación» por el de «segunda vida».

—Sí, además, es una cuestión biológica. El libro que estoy escribiendo con Rojas Marcos es como la segunda parte del que publiqué con Corbella. Estamos repasando las diferentes etapas de la vida, por edades. Empezamos con los primeros diez años, los primeros veinte y vamos tocando los temas de la salud física y mental en función de la edad.

Como médico, vivo muy de cerca los cambios. En cardiología es frecuente que un enfermo que trabajaba en un oficio ejercitando fuerza física, tras sufrir un infarto, deba cambiar de trabajo. Hay que plantearse las distintas posibilidades para que pueda seguir activo. Yo no soy partidario de dar la baja. Sólo certifico la incapacidad laboral en los casos absolutamente necesarios. Siempre que sea posible, aconsejo y colaboro con el paciente para un cambio de actividad. Este concepto de «segunda vida» tomado del ámbito de la enfermedad es el que aplico ahora genéricamente al tema de la jubilación. En el momento en que a uno lo retiran, empieza una segunda etapa muy interesante para la que uno se ha de preparar. Ha de estar preparado para entrar en una fase y aceptar circunstancias diferentes. Esto lo hacen muy bien los ingleses, por ejemplo.

Tengo amigos que han sido cardiólogos de gran reputación en Europa donde se retiran muy pronto, y entonces pasan a trabajar en alguna comisión como es la WHO, World Health Organization (OMS, la Organización Mundial de la Salud). Es un poco lo que apuntabas antes con el ejemplo de los asesores. Ciertamente, es un trabajo bien distinto.

—A otro ritmo.

—A otro ritmo, pero siguen activos y útiles para la sociedad. El concepto que intento transmitir es que mientras uno conserve la capacidad de ser útil a la sociedad tiene la obligación de continuar siendo útil. Ésta es mi tesis.

—Y, además de la obligación, o si se quiere, como contrapartida, tiene también la satisfacción de seguir siendo útil.

—Obvio, es precisamente lo que vengo exponiendo en relación a la autoestima y lo que hemos analizado en las tres premisas para la felicidad.

—Naturalmente no todos los jubilados son médicos y consejeros de sociedades. La situación de los obreros no cualificados o de profesiones duras es algo más compleja. Es obvio que un peón caminero estará deseando soltar ese martillo infernal con el que perfora el asfalto y no va a seguir como consejero de otros picapedreros, por poner un ejemplo.

Por eso, básicamente, veo dos formas de encarar la segunda vida. Puede tratarse de una nueva forma de ejercer la misma, a otro ritmo y con otro nivel de responsabilidad y dedicación. Por ejemplo: un historiador del arte jubilado, en vez de ir todos los días a clase, podría ir a un museo una vez a la semana como guía de visitas especiales. Esto, además, prestigiaría al museo que podría anunciar: los lunes enseña el museo don fulano, los martes el profesor tal, etc. Sería una forma de continuar la segunda vida en el mismo campo, pero en otros términos.

Y luego existe la posibilidad de iniciar la segunda vida en un campo completamente distinto. Al picapedrero del ejemplo, se le preguntaría: «¿Qué le hubiera gustado hacer y no pudo?». Y a lo mejor contesta que le gusta meter barquitos en una botella. Pues nada, se le pone a hacer barquitos para vender en los paradores nacionales, pongamos por caso y simplificando mucho. En la práctica es más complicado, claro.

—Ciertamente es complejo. Ni tenemos ni estamos aquí para dar recetas mágicas. Pero es importante señalar que esta sociedad se ha de preparar y por partida doble. Por un lado, se trata de una preparación personal que ha de asumir el individuo y, por otra parte, la sociedad también debe prepararse para reubicar al individuo. Ahí es donde tú ves la complejidad, pero yo te puedo presentar las estadísticas del aumento de edad y verás que va siendo hora de afrontar el problema. Te puedo asegurar que de aquí a cincuenta años este problema ha de estar resuelto. Si en ese plazo no encontramos una solución, tendremos una sociedad gestionada por máquinas y la gente completamente inútil, cuando en realidad se necesitan servicios sociales, servicios de todo tipo, ¿me entiendes? Por mucho que avance la tecnología, siempre habrá servicios en los que se necesite a la persona humana.

En fin, creo que éste es un tema absolutamente social, no es mi fuerte, ya lo he dicho, pero estoy plenamente convencido de la necesidad de empezar a abordar la cuestión de una manera enérgica y decidida. De lo contrario, nos vamos a encontrar con una masa social desaprovechada en contraste con las necesidades. Una sociedad envejecida, y en consecuencia, con mayor demanda de servicios sociales, que paralelamente se permite el lujo de despreciar y desechar precisamente lo que más le falta.

MATERIAL DE DESECHO

—Esto me lleva al tema de la vejez física e intelectual —continúa el doctor—. Ya he dicho que no me gusta el término, pero nos entendemos. Y con esto vuelvo a mis temas científicos. Las pruebas evidencian cada vez más que la actividad tanto física como mental de un individuo aumenta la calidad de vida, disminuye las depresiones, e incluso se habla de prolongación de la vida. Sobre esto hay datos biológicos. Antes de entrar en ellos, es importante recalcar la irracionalidad que supone hablar de material de desecho por mucho que estemos en una sociedad de dominio, economicista y tecnificada, en la que existe el producto de desecho.

Os voy a contar una historia, no sé hasta qué punto tiene parangón en la cultura europea, pero en Estados Unidos las cosas son así.

Allá por los años setenta yo era muy amigo de un prestigioso cirujano, responsable de un departamento importante en la clínica Mayo. Un buen día este cirujano fuera de serie sintió que le fallaba algo mientras operaba a un niño. No sé, notó algo raro en las manos y una sensación de inseguridad en la ejecución. Aquella misma tarde acudió al neurólogo y se le diagnosticó enfermedad de Parkinson.

Este hombre, que ejerció mucha influencia sobre mí, una auténtica eminencia en el campo de la cirugía, por quien acudían a la clínica Mayo pacientes de todos los países del mundo, ese mismo día decidió abandonar el quirófano. Dijo: «En estas condiciones, yo no operaría a mi hijo y si no operaría a mi hijo, no operaré a nadie más».

Con ese sentido de la responsabilidad y honradez, deja el bisturí, y a los pocos días, trasladan su despacho a un recóndito lugar, dios sabe dónde, completamente desconectado del personal de su departamento. Aquello me impactó mucho. La desmemoria de esta sociedad es impresionante.

Es una sociedad sin recuerdo, muy propio de una sociedad capitalista tecnificada de la que hemos hablado.

—Claro.

—No sé qué ocurriría en Europa en una situación similar.

—Pues yo te diré que hay cosas parecidas. En muchas empresas existe un departamento llamado de «capital humano». La expresión en sí chirría: en cuanto dices capital, ya deja de ser humano porque si prevalece lo humano, deja de ser capital. Decir capital humano es hablar en términos casi de ganado, de borregos. Y el encargado del capital humano es el que decide si quitan de aquí y ponen de allí, como quien decide un cambio de mobiliario. Eso, Valentín, pasa también en muchos sitios de Europa.

—Pero el ejemplo que te acabo de poner es de lo que podríamos llamar hombres de desecho, ¿no? Uno puede ser muy activo, muy brillante y eficaz, pero ante un percance, el recuerdo es corto. Es muy triste que el «usar y tirar» se aplique también a los seres humanos.

Es muy triste. La contribución que se hace o se ha hecho ha de tener una persistencia porque la continuidad tiene un impacto a largo plazo en los que vienen detrás. Esto lo veremos luego cuando hablemos de la muerte.

Yo mismo he tenido experiencias en este sentido. A lo largo de mi carrera, que se ha desarrollado en un sistema muy competitivo, me he encontrado en situaciones distintas. He estado absolutamente en el *top* (la cima) y en otros momentos me he visto absolutamente en el *bottom* (puesto base). Me refiero al aspecto institucional, a cambios en el escalafón relacionados con la productividad, incluso económica, fíjate.

—Te refieres a la rentabilidad económica, ¿no?

—Sí, en efecto, me refiero a rentabilidad económica. Específicamente, ya he comentado que suelo convocar a gente joven para trabajar y completar su formación científica conmigo. La importancia de esa actividad es obvia, pero traer y formar más investigadores y médicos jóvenes, no es precisamente lo más rentable para la institución a corto plazo. Lo es a largo plazo: podría poner muchos ejemplos de mi visión del «largo plazo». Como sabes, he trabajado, entre otros, en la clínica Mayo y en Harvard, en el Massachusetts General Hospital, y me he visto obligado a compaginar mi satisfacción y coherencia profesional con los intereses de la institución. No siempre es fácil. Por ejemplo, cuando decidí abandonar Harvard, fui el primer profesor médico-científico *continuer* que, pese a lo que ello significa, dejaba la institución. Sin embargo, por coherencia personal, decidí marcharme a pesar de tener mi vida, mi carrera y prestigio profesional asegurados. El sistema no era propicio para ejercer esa carrera y ese prestigio que me ofrecía la institución de la manera en que yo lo entiendo. No iba a sentirme libre y satisfecho en un sistema de lucha y competitividad establecido por ciertos individuos, sistema en el que yo no deseaba entrar. Naturalmente pude romper debido a mi posición dentro de la cardiología, tal vez la más importante, pero rompí.

—Claro. No entraste en el juego del navajeo para sobrevivir. Eso me ha pasado a mí también más de una vez.

—Exactamente. Sobrevivir a base de zancadillas no forma parte de mi cultura. Yo sólo deseo desempeñar mi profesión y mi puesto en la sociedad con dignidad y coherencia. Y en el caso mencionado fui consecuente y no me arrepiento porque las cosas más importantes de mi vida profesional las he hecho tras esa ruptura.

Bien, aunque parezca que me estoy desviando, no es así. He hecho este inciso porque la coherencia personal a largo plazo es fundamental al hablar de vejez, aunque ya hemos dicho que la palabra no nos gusta.

—Para ser más exactos, lo que no nos gusta son las connotaciones con las que se ha cargado a esa palabra.

—Sí, porque es un tema en el que la sociedad, creo, está absolutamente equivocada y algo ha de cambiar. Vamos a ver. Aquí hay dos aspectos: la situación física y la cognitiva de la persona a partir de cierta edad. En torno a esta última hay cosas que sabemos y otras que ignoramos. Pero sí se sabe que la función cognitiva puede perpetuarse. Es la memoria a corto plazo la que se deteriora con más facilidad, pero a largo plazo no tanto porque la inteligencia puede actuar como memoria. Salvo que se entre en un proceso degenerativo senil, la percepción, la conceptualización, la inteligencia se mantienen mientras se estimule. Ahora, si no hay estímulo, es fácil llegar a una situación difícil de diferenciar de la degeneración.

Y aquí es donde está el gran problema: la sociedad te encaja en un campo, el de la vejez, y consciente o inconscientemente ya empiezas a cambiar, a andar de forma distinta, a encogerte y a comportarte como corresponde a la categoría en la que te han encasillado. Estoy absolutamente en contra de estos hábitos sociales y mucho más al aumentar la esperanza y calidad de vida. O cambiamos o cada vez tendremos un número mayor de personas mayores declaradas inútiles pese a estar en condiciones de ser útiles. Éste es un tema fundamental: cómo podemos continuar siendo vitalmente jóvenes. Las dos premisas básicas para mantener una vitalidad joven son un cambio de actitud a nivel personal y una sociedad que acepte, considere y sepa encajar a las personas en todas sus etapas vitales. Esto es obvio y elemental, no le puedes decir a una persona que cambie de actitud y cerrarle las puertas.

Naturalmente, cuando se me presenta un individuo al que la víspera han destronado de su imperio y se me echa a llorar en la consulta, en esa primera visita, lo único que puedo hacer es intentar consolarle porque, en definitiva, a eso ha venido. Pero luego, si de verdad quieres ayudarle, hay que ahondar, proporcionarle el apoyo terapéutico necesario para que se replantee su actitud. Y ese apoyo terapéutico es una labor de equipo. El médico necesita la colaboración del entorno del paciente, sea mujer, marido, amigo. Una de mis mayores gratificaciones como médico es cuando acude a mí algún miembro de la familia y me dice: «Es que usted tiene mucha influencia, a usted le hace caso, considera mucho sus recomendaciones...» y cosas parecidas. Es muy importante contar con alguien más, sobre todo cuando se trata de bajar peldaños. Para alguien que se ve en la necesidad de aceptar dedicarse a otra profesión o a la misma en un nivel inferior, sea por cuestión de salud, de ideología, o de edad (que es lo que estamos tratando ahora), es importantísimo contar con el apoyo de la familia.

Y en esto deberíamos detenernos porque enlaza con un tema tan importante como el amor.

—¡Uf! ¡Menudo!

Amistad, amor, apoyo mutuo

—Bueno, es que son temas relacionados, ¿no? Y no estoy hablando del amor hombre-mujer sino de una interacción de apoyo importante. A lo mejor no estoy empleando la palabra «amor» con propiedad porque me refiero fundamentalmente al apoyo afectivo, a la importancia de sentirte apoyado por un amigo, amiga, alguien cercano en quien confías, ¿me entiendes? Es imprescindible para llevar a buen término un proceso de cambio. Solo es muy difícil, por no decir imposible, cambiar. Nos falta autocrítica, nos sobra orgullo y amor propio, muchas veces mal entendido; en fin, es muy difícil.

—Permíteme un inciso antes de adentrarte más en el tema. Vejez, juventud, amor. Ya son varias palabras que no nos gustan. Creo que, si no ahora para no perder el hilo, en algún momento deberíamos esforzarnos por encontrar un vocabulario que defina lo que queremos decir y al mismo tiempo se nos entienda.

—Sí, eso es fundamental, en efecto, pero no quiero perder el hilo.

Lo que intento poner de relieve es la necesidad del otro en un proceso de cambio. Si, por ejemplo, quieres dejar de fumar y tu mujer está todo el día encima de ti, machacándote con «lo ha dicho el doctor» sin la menor comprensión de lo difícil que es para ti, estás perdido. Lo que necesitas en esa situación es apoyo. Lo mismo que necesitas apoyo para iniciar una segunda vida por motivos de edad. Si he utilizado la palabra amor, que tampoco me gusta, es porque tras la experiencia de ver en mis pacientes cómo se ayudan unos a otros, empiezo a creer en el amor a cierta edad.

—Yo no tengo tu experiencia médica, pero tengo la mía personal y no necesito más para alabar el amor en la vejez. El joven, arrebatado en su hoguera pasional, no puede comprender que el último amor, un rescoldo de brasas encendidas, alcanza una intensidad definitiva. Partiendo de mi propia vivencia, creo que el amor en la vejez es mucho más profundo, persistente, leal. Sobre todo, profundo.

—Exactamente, más sólido. Seguro que es un sentir muy profundo. A mí me ha impresionado muchísimo ver cómo una persona puede apoyar a otra y con ello cambiarle por completo la vida a una edad ya fuera del contexto de la actividad formal. Y esto que veo a diario en mi praxis médica, me lleva a afirmar que para iniciar una segunda vida es fundamental la interacción de apoyo.

Ahora, aparte de la cuestión social, veamos cómo conservar la vitalidad física a nivel personal. ¿Cómo se puede mantener vital una persona? La ciencia está avanzando mucho en el conocimiento intelectual. Es el terreno más importante para mantener la autoestima. Como comentábamos, estimulando esa capa del cerebro, estimulas otras. Por ejemplo, estimular tu poder cognitivo escribiendo, poniendo en ello toda tu capacidad mental, se mejora la memoria, la capacidad perceptiva. Ahora mismo, podrás acabar cansado, pero desde el punto de vista cognitivo, al término de estas sesiones, sientes que estás en forma. ¿No es así?

—Sí, eso es, me siento vivo.

—Te sientes en forma. Bueno, pues esto es esencial.

Como se deduce de tu expresión, es de vital importancia poder decir «estoy en forma». Casi todos los estudios se han hecho con crucigramas. Al hacer crucigramas, recuerdas y el recordar pone en marcha todo el sistema del que estamos hablando, ¿me entiendes?

—Y relaciona unas cosas...

—Unas cosas con otras, en efecto. La cuestión está en cómo influir en el estímulo intelectual de una persona. No es fácil porque se necesita un ambiente muy propicio y, además, está interrelacionado con la vitalidad física. Si te falla la vitalidad física, la movilidad, la capacidad pulmonar, etc., claro, es un verdadero hándicap también para la vitalidad intelectual. Esto no requiere mayor explicación, ¿no?

—Las razones son obvias.

La salud completa no existe

—Sí, es obvio. Y ahora, José Luis, es el momento de ahondar en la definición de salud. Salud es un término relativo. La salud, en realidad, no existe o sólo existe en términos relativos. Todos tenemos alguna que otra deficiencia. Alguien definió a la persona sana como «paciente no explorado», ¿entiendes? El que no tiene alto el colesterol, tiene anemia, la nariz tapada o cualquier otra cosa, pero como es sabido *nobody is perfect* (nadie es perfecto). Todo el mundo tiene una salud que se puede porcentuar, cuantificar de más o menos, pero todo el mundo tiene un grado de «no salud». Por eso cada cual debe aceptar sus condicionantes. Naturalmente hay grados, no es lo mismo que alguien deba usar bastón para andar, como tú ahora, que no poder dar dos pasos por fatiga de pecho tras un infarto importante. Pero a esta persona infartada hay que darle una visión positiva, ayudarla a aceptar su nueva condición para sobreponerse. Ahí está el ejemplo de los atletas que sufrieron parálisis infantil y han sido capaces de llegar a lo más alto en el deporte. Los médicos debemos relativizar la deficiencia y potenciar las suficiencias. Esto no es nada fácil, se requieren conocimientos médicos, quien mejor puede ayudar a la aceptación de la deficiencia sobrevenida es el médico que lleva el caso, pero, como ya hemos señalado, los médicos no tienen tiempo para ocuparse de los pacientes de manera integral. Éste es un grave problema en medicina. Cuando te llega una persona con un infarto de miocardio, una válvula cardíaca que no funciona o una infección que afecta a su corazón como la que tuviste tú, naturalmente, tu primera obligación es resolver el cuadro agudo, dejar al paciente en el mejor estado posible. Pero una vez superado el punto crítico tienes que convencerle de ciertas cosas. Yo suelo ser muy claro, no me ando con rodeos, puedo, si lo estimo necesario, dejar de decir algo, pero nunca digo mentiras ni me ando con paños calientes. Para poder aceptarla, el paciente debe conocer su situación y considero mi obligación dejársela clara.

En esta segunda fase vendrían muy bien los jubilados voluntarios de los que hemos hablado antes. Adaptarte a tu deficiencia potenciando otros aspectos requiere ayuda de profesionales. Algunos lo llaman rehabilitación, tiene varios nombres, pero en esencia es eso: ayudar a conservar la vitalidad a quien ha sufrido un revés físico o se ha hecho mayor.

—Sí, es importante porque, además, en estos casos tendemos a confiar más en el rehabilitador profesional que en el cuidador habitual que tenemos en casa. Cuando me estaba recuperando de mi caída, muchas veces Olga me decía: «Esto ya lo podrías hacer, inténtalo» y yo no me atrevía. Luego venía la rehabilitadora, me decía lo mismo, yo la obedecía por cortesía y resultaba cierto: podía hacerlo y me sentía mejor.

—Pues ahí tienes el ejemplo, en tu propia experiencia. Fíjate cuántas cosas podemos hacer para mejorar la sociedad. Cuánta gente, cuánto talento desperdiciado que podría invertirse en mejorar la calidad de vida.

—Totalmente de acuerdo, Valentín, no quiero ser negativo, ni discutir esta cuestión en la que estoy plenamente de acuerdo, pero, volvemos a lo de siempre, estas ideas caen en una sociedad esencialmente «economistizada», por decirlo de algún modo. Enseguida empiezan los planteamientos de rentabilidad, sostenimiento, costes, por qué estos señores y no estos otros, quién gana con ello, sindicatos, asesores, etc. Por otro lado, como ya apunté, tampoco la expresión «calidad de vida» significa lo mismo para todos. Inicialmente calidad de vida puede ser comer y dormir, pero al prosperar, unos buscan la calidad en el ocio, otros en el éxito, en las excitaciones y diversiones ruidosas, otros en el retiro espiritual.

—Bueno, esto nos lleva al aspecto moral, humanístico, espiritual que enlaza con el tema de la muerte de la que sin duda tenemos que hablar, pero, si te parece, sigamos todavía con el tema de la salud y envejecimiento. Hemos hablado de la edad avanzada desde el punto de vista de su encuadre social, pero no hemos contemplado el aspecto biológico. Nos faltan cosas importantes por explicar.

—Por supuesto, te escucho con mucho gusto. Como comprenderás (las razones son evidentes) el tema del envejecimiento me interesa mucho.

—Ya. Tienes noventa años que son bastantes, pero también sabemos que te gusta jugar al viejecito. Vamos a dejarlo y entremos en materia. Mira:

Hoy en día se está avanzando mucho científicamente en el hecho del envejecimiento, que en realidad es la vulnerabilidad física del individuo. No me refiero a vulnerabilidad específica para contraer cáncer, enfermedad cardíaca, renal o cualquier otra patología. No. Al hablar de envejecimiento nos referimos a la vulnerabilidad de todo el sistema celular del organismo. Hoy empezamos a conocer mejor lo que denominamos declive del sistema de defensa.

Un ejemplo: dos personas que están relativamente bien. A una de ellas se la considera envejecida por el aspecto de su piel, pelo, su fisonomía; en cambio la segunda, de la misma edad, tiene un aire juvenil. Ambas sufren fractura de cadera. Pues bien, la persona de aspecto envejecido muere de una infección postoperatoria, mientras la persona de aspecto juvenil, sale adelante. ¿Qué ha ocurrido? Algo que empieza a conocerse y que podríamos resumir así: cuanto menos se utiliza todo el sistema de tejidos, cuanto menos actividad física y mental se ejerce, antes empiezan las células a notar que no sirven para nada y se inicia un proceso llamado apoptosis (muerte celular programada).

—¿Cómo has dicho?

—Apoptosis. Es un fenómeno en el que las células se dicen: «Bueno, si no sirvo para nada, me marcho del sistema». En algunas ocasiones, no siempre, esto empieza a notarse externamente con el envejecimiento de la piel, que es lo que podemos apreciar en primer término. Pero ese deterioro es el que explica que, frente a un trauma, un organismo envejecido se defienda peor que otro mejor conservado.

—Ya entiendo. Su organismo no está preparado.

—Claro. En el ejemplo que os he puesto, la infección es una de las complicaciones posibles.

—Ya.

—Es interesante que este proceso genético se empiece a conocer. E inevitablemente surge la pregunta: ¿podremos incidir sobre el proceso del envejecimiento? Estamos hablando de naturaleza. Aquí no valen trampas; los aparatos y la cirugía estética podrán maquillar las apariencias, pero el proceso destructivo continúa. Es una autodestrucción de la que nos preguntamos: ¿podrá detenerse? ¿Habrá medios para una modificación genética? De momento lo que se sabe es que el mecanismo de la apoptosis, una autodestrucción progresiva, es la base del envejecimiento. Lo demás, en el momento actual todavía es incógnito. Es un proceso que se empieza a conocer pero se está trabajando mucho sobre el tema, se está estudiando la posibilidad de prolongar la vida. Fíjate, estoy hablando de envejecimiento natural, no me refiero a la predisposición a ninguna enfermedad concreta.

Si recordáis, ayer yo ponía mucho énfasis en la necesidad de actividad física, actividad de todos los órganos y sin descuidar la actividad mental. Ya veis que, a la luz de estos conocimientos sobre la apoptosis, la actividad resulta fundamental.

Si entramos en el terreno de las enfermedades, es curioso observar que mientras en unas enfermedades es perjudicial, en otros casos se necesita la apoptosis. Por ejemplo, en la enfermedad de Alzheimer. Se sabe que hay una acumulación de material de desecho en la célula cerebral. La predisposición natural de la célula sana es expulsarlo, pero cuando llega un momento en que no puede hacerlo, se pone en marcha un programa genético de autodestrucción de la célula cerebral; en ese proceso se liberan productos que destruyen las células de alrededor. Por eso hablamos de un proceso de autodestrucción progresiva.

Es un proceso parecido al que hablamos el otro día acerca de la grasa en las arterias que acaba provocando infarto. Cuando hay demasiada grasa acumulada, la célula sana trata de expulsarla, pero si la cantidad es excesiva, desiste, decide suicidarse y libera el factor de coagulación. ¿Recordáis?

—Sí, sí. Recordamos, entendemos y escuchamos con sumo interés. Tu explicación es interesantísima.

—En el extremo opuesto tenemos el cáncer —continúa Fuster—. En el cáncer se están buscando mecanismos que favorezcan tal destrucción de las células cancerosas. Es decir, por un lado estamos hablando de enfermedades muy concretas en las que este envejecimiento local es el causante (el infarto de miocardio, el Alzheimer) y por otro se está estudiando cómo podría acelerarse este proceso para destruir las células cancerosas, cómo aprovechar el mecanismo genético de apoptosis para bloquearlas.

—¡Qué interesante!

—Son temas de investigación reciente y creo importante tenerlos en cuenta porque el organismo es un sistema en equilibrio vulnerable. En el momento en que algunos aspectos empiezan a fallar, se rompe ese equilibrio y nos encontramos con los problemas que os he descrito en el caso del infarto y el Alzheimer. Pero al mismo tiempo, se está investigando para ver cómo utilizar esos conocimientos, por una parte para bloquear aquellas enfermedades en las que se necesita destruir células y, por otra parte, para prolongar la juventud de la gente sana y conservar las células para prevenir el envejecimiento.

—Y, dime, la medicina regenerativa de la que se oye hablar mucho ¿tiene algo que ver con esto de evitar el envejecimiento?

—La medicina regenerativa, en realidad, lo que hace es sustituir tejido muerto, por ejemplo, una cicatriz de un infarto de miocardio. ¿Podemos regenerar tejido muerto? En el estado actual de conocimientos es una pregunta sin respuesta segura. Sólo estamos en el inicio de unas investigaciones muy interesantes, pero falta mucho camino por recorrer. Además, sobrepasa el propósito de este libro porque entrar en ello es como entrar en el debate de las células madre embriogénicas.

—Ya veo. Ése, en efecto, no es el tema.

—Pero si quieres te resumo la cuestión en dos palabras. Lo que está ocurriendo aquí es que tratamos de que el cuerpo envejezca más lentamente. Para ello tenemos una manera natural que es la actividad, la actividad de todo tipo, física y cognitiva. Por otra parte se está estudiando la manera de parar o retrasar el proceso genéticamente. Esto es un punto. Al mismo tiempo hay individuos que ya tienen el problema: la enfermedad de Parkinson que deja una parte del cerebro sin funcionar, el infarto de miocardio, que destruye una parte del corazón... Aquí surgen dos preguntas: ¿podemos conseguir que el tejido restante no envejezca? ¿Puede regenerarse un tejido necrosado? La respuesta a la primera pregunta está en lo que acabo de explicaros acerca de los procesos de envejecimiento celular que en unos casos hay que prevenir y en otros, como el cáncer, conviene explotar. Con respecto a la segunda pregunta está la sustitución de tejidos muertos que se denomina terapia regenerativa y se basa en células primitivas con capacidad de formar células específicas.

—Ya, ya, entendido.

—Se ha hablado de embriones, porque los embriones tienen células que son pluripotenciales, pero, claro, también hay células pluripotenciales en el organismo, en el cordón umbilical, en la placenta. Aunque el debate sobre los embriones sea interesante, no perdamos de vista que hay células pluripotenciales sin necesidad de penetrar en el embrión e, incluso, recientemente se ha comprobado que células de la piel pueden por modificación genética convertirse en pluripotenciales como en los embriones.

Éstos son temas fascinantes dentro del campo de la investigación biomédica, pero creo que deberíamos volver a la definición de salud y sobre lo que se puede hacer a un nivel global. ¿Os parece bien?

—Claro, ¿cómo no?

—Es que no quiero resultar demasiado técnico.

—Al contrario. Es interesantísimo. Para mí, mucho y creo que también para la gente porque la prensa empieza a bombardearnos con novedades científicas, no siempre con rigor. Muchas veces buscando impactar o, como suelo decir, con más intención de deslumbrar que de iluminar. Una información como la que nos estás dando es muy útil. Pero, tienes razón, debemos volver a nuestro plan y dejar la divulgación científica para otra ocasión.

—Sigamos pues. Como os decía, el concepto de salud es relativo. En términos absolutos es difícil hablar de salud, pero podemos hablar de salud física y salud emocional. Es muy importante saber que si hablamos de salud no podemos disociar estos dos conceptos. Ya os he explicado cómo a un paciente con una discapacidad determinada, puedo y debo infundirle una visión positiva haciendo hincapié y fomentando lo que tiene sano y no en lo enfermo. También hablamos de la esfera cognitiva, tú hablaste de la sabiduría y, en relación a la salud emocional, vimos la importancia de ser dueño de sí mismo.

Bien, ahora se trataría de ver qué ha ocurrido con la salud en los últimos cincuenta o cien años, de hacer un resumen histórico y ver los pros y contras de la prolongación de la vida.

—Te escuchamos.

—Desde el punto de vista histórico, no hay duda de que

se han producido avances fundamentales. Antes se moría de desnutrición y de infecciones de las que hoy también se muere en países de muy bajo nivel económico, pero hace dos siglos se moría así en todas partes. Simplemente no había manera de controlar las epidemias, no existían las vacunas, no existían los antibióticos, no existían los medios de diagnóstico y terapéuticos de los que disponemos en la actualidad.

Gracias a esos avances que han supuesto un cambio radical en el tema de la salud, la vida se ha ido prolongando progresivamente en los últimos dos siglos. Esto obliga a una visión de futuro.

Las dos enfermedades de mayor incidencia en países de economía media y alta son, en primer lugar, las enfermedades cardiovasculares. Las afecciones de los vasos sanguíneos que van al cerebro (causa principal de infarto cerebral) y de los que van al corazón (causa del infarto de miocardio) son realmente la causa número uno de mortalidad. En segundo lugar, el cáncer desde un punto de vista genérico.

En ambos campos se ha avanzado mucho. Hace unos años el campo cardiovascular iba muy por delante, pero en los últimos cinco años también se ha avanzado mucho en el terreno del cáncer.

En el terreno cardiovascular en los últimos veinticinco años se han introducido nuevas terapias cuyo principal efecto ha sido prolongar la vida de los afectados, pero no se ha logrado prevenir la enfermedad. Tenemos muchos más medios para prevenir la muerte súbita del paciente infartado (medicinas, desfibriladores eléctricos, bypass coronario, angioplastia, nuevas y mejores válvulas cardíacas, stents, etc.), pero ningún avance ha logrado prevenir la enfermedad.

—Ya, ya.

—Hemos pospuesto la muerte. En las últimas tres décadas hemos prolongado la vida de los pacientes con accidentes cardiovasculares alrededor de dos o tres años por década.

En el campo de la oncología, se ha avanzado especialmente en la detección precoz.

—Eso es lo fundamental. Es lo que hemos aprendido en nuestra experiencia personal con el cáncer. Dicen que han progresado mucho y no dudo de que todas las investigaciones en marcha salgan pronto de los laboratorios a las clínicas, pero hoy por hoy, el arma más valiosa es el diagnóstico a tiempo. Las vías de tratamiento siguen siendo cortar, quemar y, en el buen sentido, envenenar (cirugía, radio y quimioterapia).

—Algo de razón tienes, pero en los tratamientos quimioterápicos también se han producido cambios y creo que están a punto de producirse otros que sí marcarán un antes y un después en el abordaje de muchos cánceres, porque en los últimos cinco años las investigaciones han revelado cosas importantes. Pero fíjate en lo que iba a señalarte. En oncología, aunque nos vayamos acercando, hasta la fecha, los avances no han logrado revolucionar tanto los tratamientos como en cardiología; sin embargo, se ha progresado significativamente en la detección precoz y prevención. Justo lo contrario de lo que ocurre en el campo cardiovascular. La evolución de los dos campos con mayor incidencia en la morbilidad y mortalidad ha sido muy distinta.

Desde el punto de vista de lo que llamamos «la salud», en cualquier enfermedad, la clave está siempre en el diagnóstico precoz y en la prevención. Aquí viene la gran diferencia entre ambas enfermedades. Los factores de riesgo de la enfermedad cardiovascular son conocidos y divulgados. Sabemos qué produce la enfermedad. Sabemos que es una enfermedad relativamente nueva, que aparece sobre todo en los países de economía media y alta, que es hija de la sociedad tecnológica y de consumo, del tabaquismo, obesidad, diabetes e hipertensión. En cambio las causas del cáncer no están tan claras. Sabemos mucho menos, de ahí la importancia del diagnóstico precoz con los cribados en determinados segmentos de población, según el tipo de cáncer. En la enfermedad cardiovascular, el reto es la prevención, la incidencia sobre los factores de riesgo, es decir la modificación, mediante educación sanitaria y divulgación, de los hábitos que comportan esos factores de riesgo.

Como ves, son dos entidades muy distintas. El cáncer es un todo rápido o nada; la enfermedad cardiovascular es un proceso lento y conocido. Diré más: con la tecnología de última generación que afina mucho, podemos ver imágenes de sujetos teóricamente sanos en los que ya se aprecian signos de enfermedad de las arterias. Y parece que la limpieza absoluta no existe. En el cáncer nos falla esto. En el estado actual de conocimientos, no podemos incidir en la evolución del proceso desde antes que «dé la cara», ya que aparece más repentinamente.

Promover la salud

—Ésta sería —prosigue el doctor— la visión general de cómo estamos respecto a los dos campos de mayor mortandad. En el campo cardio y cerebrovascular, que es al que he dedicado gran parte de mi vida, considero la situación bastante frustrante. Habrá quien se extrañe al leer esto porque puede pensar, y es cierto, que ya no hay enfermedad cardíaca que no se trate, y en muchos casos, con resultados espectaculares. De acuerdo, pero poca gente se para a pensar en el coste, en el precio de esto.

—Yo tampoco lo había pensado hasta que me tocó pagar —recalca Sampedro.

—Es impresionante y, de seguir así, creo que es insostenible a no tan largo plazo. No creo que sea económicamente viable un sistema de salud limitándonos a someter a los pacientes a todo tipo de intervenciones costosísimas para superar situaciones evitables. Estoy convencido de que el camino correcto es promover la salud. Hago un inciso para matizar que prefiero el término «promover la salud» que «prevenir la enfermedad» porque este último tiene una connotación negativa y a mí me gusta más pensar y hablar en positivo.

Naturalmente, estoy completamente de acuerdo en aplicar los nuevos tratamientos, completamente de acuerdo en conocer los mecanismos de la enfermedad, estoy investigando todo ello. Pero al mismo tiempo, creo firmemente que desde un punto de vista social, sociopolítico, es necesario establecer prioridades y una de ellas sin duda ha de ser identificar y modificar los factores de riesgo. Y ahí viene lo difícil: incidir, impactar en la sociedad. Ésta es una verdadera lucha que debemos emprender porque, fíjate, no es una cuestión de ignorancia. Hay folletos, guías, artículos, programas de televisión que han difundido los factores de riesgo. Son básicamente seis: dos físicos, la presión arterial y el perímetro abdominal (dicho de otro modo, la obesidad); dos factores químicos, los lípidos (grasas/colesterol) y glucosa; más los dos factores ambientales, el tabaco y el sedentarismo. Estos seis factores determinan el noventa por ciento de las causas de la enfermedad cardiovascular. Esto lo sabe mucha gente y, pese a saberlo, no cambian el chip.

Creo que se necesitaría un trabajo de investigación social para averiguar los motivos. Aquí, estoy muy cerca de ti, José Luis, tenemos que entender en qué estamos fallando y éste ya no es un tema médico; es un tema sociológico. ¿Por qué la misma población que si oye la noticia de que en tal punto del globo terráqueo hay un alimento contaminado que eventualmente podría causar alguna enfermedad, automáticamente, hunde el mercado dejando de comprar ese producto, en cambio, se sigue atiborrando de grasas y dulces, sigue fumando y llevando vida sedentaria y estresada, por mucho que demuestres y expliques que eso sí puede acarrearles una seria enfermedad e incluso la muerte?

Tras mi experiencia a nivel local, nacional e internacional, he llegado a la conclusión de que debemos investigar varios aspectos. No tengo respuestas, sólo hipótesis como punto de partida. Lo que hemos hecho hasta ahora es predicar y sí, hemos conseguido que la industria tabacalera se vaya de un sitio a otro, pero sigue tan vigorosa como siempre y, además, está introduciendo ese factor de riesgo en lugares donde no lo había.

Frente a eso, considero imprescindible impartir educación sanitaria a niños de entre cinco y diez años para infundirles hábitos saludables y, sobre todo, conciencia de la importancia de la salud para la vida. Esta edad es la ventana de oportunidad para infundirles las maneras que modelarán su conducta como adultos; al menos, ésta es nuestra hipótesis de trabajo. En ese tema, como dije, estoy muy involucrado.

Otro factor es el cultural. No es lo mismo cambiar factores de riesgo en Chinatown en Nueva York que en el Caribe. Cada cultura conlleva sus factores de riesgo de una determinada manera y, en consecuencia, también el abordaje tiene que ser distinto en cada caso. Yo estoy ahora experimentando en la isla de Granada.

La isla de Granada es un campo de investigación interesante en el que he puesto mucha ilusión porque allí todavía no ha aparecido la enfermedad, pero ya han entrado los factores de riesgo. Al penetrar el modelo de sociedad occidental, ha entrado o está entrando el tabaquismo, la diabetes y la hipertensión, pero todavía no ha aparecido la enfermedad. Por eso me parece el lugar apropiado para formular hipótesis de trabajo en el campo de la prevención.

—Bueno, yo imagino que la realidad social debe impulsar a la gente a imitar los hábitos occidentales. La gente se sentirá más avanzada, creerán estar elevando su nivel de vida, que se están poniendo a la altura de los ricos que vienen. Te encontrarás con un factor de presión social difícil de combatir.

—Muy posiblemente, pero precisamente ahí está el reto, en ver cómo puede progresar una sociedad sin incurrir en hábitos tan arriesgados para su salud. Estamos creando equipos de trabajo entre los propios individuos de riesgo para que desde el principio trabajen juntos y lo hagan, no para el poder ni para la industria, sino por una globalización sanitaria respetando la cultura de cada cual.

El tercer aspecto de la cuestión es el de la legalidad. Los humanos, la convivencia necesita de reglas, aunque no nos gusten. Podríamos volver al ejemplo de los semáforos o a tu metáfora de la cometa, pero me parece tan obvio que, si no fuera porque la realidad es tozuda, daría vergüenza mencionarlo. No debemos consentir que unas personas impongan a otras los factores de riesgo que ellas mismas han decidido asumir. Cuando se descubrió que el tabaco que fuma mi compañero daña también mi corazón, en Estados Unidos se produjo una reacción reivindicando los derechos del fumador pasivo. A partir de ahí empezó a legislarse en contra del tabaco y ha costado mucho, muchísimo para que esto se traslade también a Europa.

En este aspecto, de todos los gobiernos de Estados Unidos en los últimos treinta y cinco años, sin duda alguna, el más consciente fue el gobierno de Clinton. Yo trabajé durante su mandato en lo del tabaco con la American Health Association. Pese al poder económico que ejercen las empresas tabacaleras, Clinton llevó a cabo una gran lucha y logró encauzar legalmente la protección de la ciudadanía en contra del tabaco ajeno. El problema es que Clinton se marcha y esa labor queda interrumpida. Ése es el problema con los políticos; ellos buscan soluciones adecuadas a corto plazo pero saben que a largo plazo, a lo mejor no las pueden llevar a cabo. En España está costando mucho, pero el tema de la legalidad relativa al consumo de tabaco es importante desde el momento que afecta a la sociedad. Habrá que concienciarse como se hace con los cinturones de seguridad, los controles de alcoholemia y tantas cosas.

—Sí, como aceptamos las normas alimentarias.

—Finalmente el cuarto aspecto es el de la medicación. Por ejemplo, tras un infarto de miocardio, al paciente se le recetan varias medicinas. Para rebajar costes y simplificar el tratamiento se está investigando la posibilidad de la «pastilla única», es decir, se intenta conseguir una medicina que reúna todas las propiedades y efectos necesarios.

—Más fácil de administrar, menos olvidos. Dímelo a mí, que uso un pastillero semanal con veintiún compartimentos para los diversos comprimidos de mis tres tomas diarias.

—Y no creas que tiene poca importancia lo de los olvidos. La hospitalización es muy cara y muchas de ellas se evitarían si el paciente tomara su medicación adecuada y regularmente. De ahí la importancia de conseguir los métodos más sencillos posibles para que la población pueda asumirlos. Además de promover salud, rebajaríamos notablemente los costes.

En el libro *La ciencia de la salud* dedicamos un capítulo precisamente a la detección precoz no sólo de la enfermedad cardiovascular, sino de la enfermedad en general. Ahí explico lo que sería la ITV del cuerpo humano. Son ocho pruebas consensuadas por la Asociación Americana del Corazón, la Sociedad Americana del Cáncer y la Asociación Americana de la Diabetes que constituyen la guía para la prevención y detección precoz de las enfermedades importantes más extendidas. Si me permito esta autopublicidad es por hacer hincapié en la importancia de la salud. Podemos hablar, como de hecho hemos hablado, del Universo, de Dios, de la vida y de otros aspectos pero no podemos olvidar que la salud es tal vez la pauta más importante dentro del contexto de la calidad y cantidad de vida.

—Naturalmente.

Ciencia y sabiduría

Último día de conversaciones. Quedan muchas cosas por decir. Ordenan sus notas e ideas para mejor planificar esta penúltima sesión de trabajo mientras llega el café y la tónica, necesaria para restablecer el equilibrio hídrico tras el ejercicio. Justo es señalar que Valentín Fuster, en honor a la coherencia con lo que «predica», se sienta todas las mañanas a dialogar con Sampedro tras subir en bicicleta las cumbres prepirenaicas que nos rodean. Ello no le impide concentrarse y tomar la palabra sin el menor signo externo de fatiga.

El aislamiento: cuna de vicios

—Después de hablar de vejez y envejecimiento, o, mejor dicho, de cuestiones llamémosles «cronobiológicas», deberíamos hablar de la muerte, pero como se verá más adelante, no es conveniente entrar en ello sin antes haber hablado de comunicación, moral y espiritualidad. ¿No crees, José Luis?

—Claro, todo está relacionado. La comunicación con el

entorno y las creencias juegan un papel determinante a la hora de afrontar ese último y tremendo acto vital.

—Bien, entonces empecemos por el aislamiento y la importancia de la comunicación. ¿Conoces a Rojas Marcos, el psiquiatra?

—No personalmente pero claro que le leo y escucho.

—Pues los dos estamos de acuerdo en que hablar es un buen antídoto contra el infarto de miocardio. Y si uno no tiene con quién hablar, pues que le hable al gato o al perro y hasta con las plantas, si no hay otro ser vivo cerca, pero que no se encierre en sí mismo.

—Sí, claro.

—Mira, a modo de introducción, ya te comenté que yo hablo muchas veces en voz alta. O pienso en voz alta, como prefieras. El oír mi propia voz, como si se tratara de un interlocutor, me ayuda a reflexionar mejor.

El aislamiento es un problema grave del que no hemos hablado. Cuando una persona exagera la introspección y no transmite, no transfiere, queda aprisionada en sí misma sin puntos de referencia exterior. Y no tener puntos de referencia es extremadamente dañino porque no se tiene ni autocrítica ni los incentivos o estímulos que normalmente provienen del exterior. El aislamiento predispone al egoísmo y egocentrismo, incluso a la envidia. El aislamiento es una cuna de vicios.

Baso estas afirmaciones únicamente en mi experiencia médico-enfermo.

En todo momento hablo como un individuo, como un clínico, como un investigador que observa. No doy lecciones ni tengo recetas mágicas, ni me creo por encima o mejor que otros. Simplemente he intentado encontrar respuestas a preguntas a través de la reflexión y en función de ellas actúo, pero no me gustaría dar la impresión de lo que no soy.

Como te decía, José Luis, mi experiencia es con el paciente en el momento en que aparece la enfermedad. De repente te das cuenta de que la persona que tienes delante, en muchas ocasiones, carece de elementos de contacto, es un individuo que ha vivido prácticamente aislado. El «¿quién soy yo?», que tanto mencionabas ayer, solamente puede venir a través de una relación externa. Yo no creo que pueda aflorar internamente sin puntos de referencia. Uno de los problemas de nuestra sociedad actual es que mucha gente no puede expresarse, vive aprisionada. De ahí nacen los tres vicios de los que me gustaría hablar: egoísmo, egocentrismo y envidia. Los tres son distintas facetas del mismo problema: el aislamiento.

Pero antes de seguir, quiero oír tu opinión al respecto.

—Yo diría sobre esto varias cosas. Primero, estoy de acuerdo en que el individuo está solo, profunda y radicalmente solo. El mejor ejemplo de la soledad humana es el dolor. Al mismo tiempo, si está solo y se queda en eso, no es humano. Lo decía ayer, la humanidad la adquirimos con la convivencia.

—Sí, tienes razón, tal vez la palabra «soledad» sea más acertada que «aislamiento».

—Sí, eso creo. En segundo lugar, casi nadie es muy consciente de esa soledad radical porque antes de empezar a reflexionar sobre sí mismo ya está envuelto en comunicación por parte de los demás. El niño está rodeado sin pedirlo, tiene la experiencia del rodeo protector sin esforzarse, forma parte de su vida y cree que es lo natural.

En la edad adulta, cuando ya se piensa en estas cosas, hay individuos que se aíslan deliberadamente, como decimos en lenguaje corriente «se cuecen en su propia salsa», se regodean en su soledad. Esto yo creo que es patológico y es una minoría.

La mayoría acepta relacionarse con los demás. Ahora bien, ¿qué clase de relaciones? No siempre son relaciones abiertas, altruistas, de igualdad, equilibradas. Estamos sumergidos en una sociedad que educa para la competitividad. Hemos hablado de ello y hemos visto que cierto tipo y grado de competitividad es estimulante, pero la competencia por la competencia, por el éxito, la fama, el poder o el dinero que se nos presentan como virtud, es muy dañina.

De por sí, por la misma condición humana, en general, las relaciones tienden a cierto desequilibrio. Sin que medie maldad o ansia de poder deliberada, siempre hay una parte más o menos dominante. Como suele decirse, «hay uno que besa y otro que pone la mejilla». Independientemente de la educación, simplemente porque hay quien se pliega más fácilmente a voluntades ajenas, hay caracteres más sumisos que otros.

—Seguro.

—Y luego, al poder le viene muy bien ofrecer falsas compañías a las personas con dificultades para relacionarse. Son terreno abonado para la grandilocuencia. Patriotismo, nacionalismo, éxito deportivo, dinero, son conceptos que no resuelven la soledad, pero engañan haciendo sentirse menos solos a los que lo están sin conciencia plena.

—De acuerdo, pero ahora estamos hablando de soledad en otro plano. Hago hincapié de nuevo: hay tres vicios que nacen de la soledad que son el egoísmo, el egocentrismo y la envidia.

El egoísta es una persona que solamente funciona por y para sí. Si le pides un favor, no existe, porque es sacarle de su campo, de su ensimismamiento. Ahí la relación no tiene sentido.

El egocéntrico sí se relaciona con la sociedad, pero para atraerla para sí, para ser el centro del mundo, la reina de la fiesta. Es decir, el egoísta no mantiene relaciones humanas y el egocéntrico, en cambio, atrae continuamente a la sociedad hacia él, pero en realidad es una falacia. Necesita de la sociedad precisamente por el aislamiento en el que vive.

—Sí, egoísmo y egocentrismo son como el anverso y reverso de una misma moneda.

—Exactamente. Luego viene la envidia. Es un tema interesante, pero difícil para mí. Gracias a Dios, es un vicio que yo no poseo. Me siento totalmente liberado.

—Has dicho: egoísmo, egocentrismo y envidia, como tercer vicio, ¿es eso? —puntualiza y anota Sampedro—. De acuerdo.

—La envidia nace del aislamiento. El individuo que la padece necesita estar continuamente pendiente del otro para sentirse superior. Es otro tipo de soledad, ¿comprendes? Y es un pecado capital en este país. Me dirán que en todos los sitios, pero no es igual. Yo vivo desde hace treinta y cinco años en Estados Unidos, un país donde impera la competitividad y el afán de dominio, sin embargo, en términos generales, puedo decir que hay una mayor abertura personal, una mayor transparencia en la comunicación. Yo no creo que allí la envidia se manifieste ni tanto ni de la misma forma que en España. Aquí perdemos mucho tiempo y energía en problemas de envidias y rencillas. En ocasiones, parece que pasar inadvertido se interpreta como un éxito; y tener éxito fácilmente se categoriza como fracaso. Sólo en una ocasión, tras tantos años en Estados Unidos, percibí, como médico e investigador, tal desequilibrio —algo que ya he comentado—, a raíz de lo cual decidí cambiar de institución. Ya digo, no es mi problema personal, hablo como observador de envidias ajenas que hacen perder un tiempo valioso digno de mejor causa. No siempre puedes dejarlo correr y ponerte a salvo cuando «disparan» porque luego en la prensa salen mentiras o verdades a medias, manipuladas para pegar fuerte, porque alguien necesita estar por encima del otro. No deja de ser una forma de aislamiento.

Yo creo que esto es uno de los problemas más importantes que tiene la sociedad porque así es difícil tener autoestima ni ninguna de las tres premisas de la felicidad.

—Difícilmente podrían estimarse a sí mismos si se creen modelos y se consideran superiores.

—Exactamente. Por eso te lo comento, porque si queremos una sociedad más satisfecha (es el sustituto de la palabra felicidad), y si queremos una sociedad en donde uno está mucho más equilibrado, este aislamiento (o soledad) es incompatible con todo lo que estamos hablando.

—Por cierto, ¿a qué atribuyes tú esa diferencia entre Estados Unidos y España en el tema de la envidia? Yo, aunque evidentemente no conozco Estados Unidos como tú, creo que hay una diferencia entre pertenecer a un país con una sociedad todavía muy tradicional, muy jerárquica, que arrastra una herencia de situaciones de estatus no accesibles a todo el mundo, y una sociedad abierta, más moderna y, en cierto sentido, más igualitaria, que propugna la cultura del «hacerse a sí mismo», de que cualquiera puede llegar a donde se lo proponga.

La sociedad española todavía está muy marcada por diferencias de clases, rango, títulos de todo tipo, ilustrísimos, excelentísimos. Resulta más difícil traspasar fronteras y eso es una buena cuna para la envidia.

No digo con esto como tú has comentado que no haya situaciones de mucha envidia en Estados Unidos; seguro que las hay. Tampoco creo que la igualdad de oportunidades sea para todos de esa manera facilona como algunos la pintan, pero es otra cosa. En términos generales sí podemos hablar de una sociedad más abierta a facilitar el desarrollo y puesta en práctica del talento. Creo que ésa puede ser una razón. ¿Qué opinas tú que vives allí, pero también trabajas aquí?

—Estoy de acuerdo, es la razón principal. Allí existen más oportunidades para salir adelante, como las que me han dado a mí, por ejemplo. Hay un problema de competitividad, sí, pero es importante tener la oportunidad de competir con uno mismo, asumir retos. Es una sociedad mucho más propicia a ofrecer posibilidades de alcanzar la posición merecida por tu esfuerzo y talento, que las sociedades tradicionalmente más estratificadas. Y esto se respeta. Puede ser una explicación.

—Tras el inciso, volvamos a lo del egoísmo. El egoísmo me parece gravísimo porque está enraizado en los principios más profundos de la organización de la sociedad. Sabemos que el dios de esta sociedad es el dinero. De acuerdo, pero el egoísmo se ha erigido en criterio básico de conducta. Toda la economía, tanto el pensamiento clásico como el oficial actual, se basa en los mecanismos del mercado, consagrados por Adam Smith, como sabes muy bien. No voy a explicar ahora toda la teoría, pero sí resaltaré una de sus frases decisivas para nuestra historia: «En el mercado las cosas son de tal naturaleza que siguiendo cada uno la conducta que más conviene a su egoísmo personal, ocurre como si una mano invisible hiciera que esa suma de egoísmos personales se transformase en un beneficio general». Lo he citado de memoria, puede no ser literal, pero sí lo es la expresión «mano invisible» que parece sugerir una intervención providencial. Pues bien, con esa frase se ha santificado, consagrado el egoísmo como motor de toda la actividad económica. Está en la base del sistema. Lo siento, Valentín, volvemos a lo de siempre: con los valores que dominan hoy, es muy difícil progresar. No digo que no haya que hacer cosas, pero para hacerlas hay que atacar lo más elemental del sistema.

—En realidad hablamos de dos tipos de egoísmos distintos.

—No tan distintos.

—Sí, tú hablas del egoísmo de la sociedad y yo del egoísmo personal. Son dos vertientes muy interesantes, pero fíjate, es distinto. El egoísmo en el que se sustenta la teoría de Smith conduce al poder y a la eficacia, en cambio el egoísmo personal al que me he referido yo, es todo lo contrario, nunca podrá ser eficaz porque pierdes el contacto con el entorno. Ésa es la diferencia.

—La relación entre ambos conceptos es muy estrecha. Aunque el egoísmo personal no sea eficaz, desde el momento en que el sistema te ampara con una mano invisible, ya encuentras una justificación. Entiéndeme bien, no estoy defendiendo ni el egoísmo ni la teoría económica; está en la tabla de valores y ésa sí justifica el egoísmo.

—Bueno, voy a centrar el problema en un ejemplo que conozco bien. Como sabes y contrariamente a lo que mucha gente pueda pensar, el investigador no es un señor que lo observa y descubre todo él solito en su laboratorio. Al contrario, es sólo una pieza del engranaje porque actualmente la investigación es un trabajo de equipo. Entre los diez o quince componentes del equipo no es infrecuente encontrarse con uno o dos egoístas. Ahí sí se ve el paralelismo entre el egoísmo personal y el de la sociedad porque en cuanto uno o dos pretendan capitalizar su trabajo, podrán ser muy eficaces, pero empiezan los problemas de relaciones personales, el trabajo del grupo se resiente y el proyecto se viene abajo. El conjunto final no funciona.

La diferencia importante que veo entre el egoísmo de tipo socio-económico que planteas, con el egoísmo personal a nivel de pequeña empresa es que este último es muy incompatible con la eficacia global. El primero lo es, pero el segundo, el que yo presento con el ejemplo de estos equipos de trabajo, no lo es. Un par de egoístas desmiembra un equipo de diez o quince personas.

—Sin duda, pero fíjate, el egoísmo del mercado a la larga, a mucho más largo plazo, también es incompatible con la ventaja global. La inmensa mayoría de cosas que nos están pasando son consecuencia de la ausencia de reglas y normas en economía que impidan el «todo vale» y el hacer lo que a cada cual le venga en gana en función de su rentabilidad. ¿Qué es el destrozo del medio ambiente? Egoísmo de mercado. Vendo este monte, lo talo, vendo madera, edifico sin preocuparme de las consecuencias a largo plazo porque el sistema lo permite.

A largo plazo también el egoísmo del mercado, que diluye las responsabilidades, tiene resultados de dudosa eficacia para el conjunto.

—Es interesante lo que cuentas. Sí, a largo plazo es igualmente desastroso. Mmm.

¿Sabes? Hacemos un alto y te cuento lo que me pasó ayer. ¿Recuerdas lo que hablamos acerca de los animales? Pues, al salir de aquí, iba pensando en lo que te había dicho y, mira por dónde, al llegar a casa me llevé la sorpresa de que la puerta se abrió aparentemente sola. ¿Sabéis quién la abrió?

—El perro —bromea Sampedro.

—No. Fue el gato. Dio un salto, se colgó de la manilla y abrió la puerta. Claro, esta sabiduría gatuna no es la sabiduría de la que tú hablabas ayer, José Luis, pero implica un cierto razonamiento y parecido humano (aunque creo que el gato no llegó a transmitir arte o espiritualidad, por lo que aún hay diferencias...). No es que quiera volver sobre el tema, sólo quería contártelo porque esto me ocurrió precisamente ayer. Bueno, y también para distendernos un poco.

—Estupendo, así nos sentimos menos aislados y más compensados.

—Ya, pero se acabó la broma. Volvamos a nuestra soledad.

—Hemos hablado —obedece Sampedro— de la soledad no deseada, sus vicios, sus falsas salvaciones. Pero el solitario, el que se aísla deliberadamente, a un nivel intelectual y espiritual muy superior, ése puede vivir y convivir muy bien con su soledad sin egoísmo ni nada de eso. Naturalmente, son casos minoritarios, que me gustaría que abundaran, pero generalmente, no es eso lo que se entiende por soledad.

—Claro, éste es el tema a nivel social, pero yo vuelvo al nivel personal, al caso del paciente que te he presentado. Un paciente que sufre un infarto de miocardio que le hace percatarse repentinamente de su vulnerabilidad y que no tiene a qué ni a quién agarrarse. Es un caso muy frecuente, créeme. Y es la gran oportunidad del médico.

—Del médico accesible y preocupado por lo humano, además de por lo técnico, claro.

—Bueno, del médico como yo entiendo que se debe practicar la medicina. Penetrando en estos pacientes es como he adquirido conciencia del grado de aislamiento y soledad existente en la sociedad que me ha tocado vivir. Cuando este tipo de paciente empieza a abrirse con su médico, éste tiene la oportunidad de descubrir y hacerle descubrir el gran potencial no desarrollado que lleva dentro. Ahí yo he vivido de cerca grandes transformaciones de enfermos. Empiezan por la preocupación acerca de su enfermedad, pero si se sienten escuchados y comprendidos, se van abriendo a temas personales que cada vez tienen menos relación directa con la enfermedad, y el exteriorizarlos les ayuda a reflexionar y replantearse muchas cosas. Por eso creo en el enorme valor de la comunicación, que es el tema del que me gustaría que hablásemos ahora. Naturalmente, no me canso de repetirlo, mi definición es la de un mero observador reflexivo, no es la opinión de un especialista en la materia.

Comunicación y verdad

—Para mí, José Luis, comunicarse es transmitir la realidad de uno mismo —continúa Fuster—, la verdad de uno. De la manera que se quiera y pueda, pero se trata de exteriorizar lo que se lleva dentro. Eso es para mí la comunicación. El hablar del tiempo, de la última noticia, no es comunicación. La comunicación a la que yo me refiero consiste en la abertura del individuo en su profundidad anímica, en una transmisión de sinceridad que conecta con la amistad y el amor o apoyo que decíamos ayer. El salir del aislamiento y de la coraza personal es lo que proporciona la paz interior, ¿entiendes?

—Entiendo, entiendo muy bien —asiente Sampedro.

—Pues ahora me gustaría oír tu concepto.

—Sí, pero antes de pasar a la comunicación, quiero precisar algo acerca del egoísmo, egocentrismo y envidia. Creo que el egoísmo y el egocentrismo pueden tener algún aspecto positivo en según qué medidas y circunstancias; estoy pensando en el caso de un líder, por ejemplo, que siempre conlleva su dosis de egocentrismo y puede ser importante. En cambio la envidia me parece que no tiene el menor rasgo positivo. De ninguna de las maneras. La envidia es una pérdida de energías corrosiva tanto para el envidiado como para quien envidia. Éste vive ansioso, pendiente del otro para poder atacarle y corroído por la rabia y sinsabores que le provocan los eventuales éxitos de su rival. Por eso me ha parecido importante distinguirlos.

—Muy bien, está muy bien lo que dices. Muy oportuna tu puntualización.

—En cuanto al grado de soledad que observas en tus pacientes, desde otro campo, yo mismo tengo la oportunidad de comprobarlo a través de las cartas de los lectores y lectoras desconocidas. No voy a extenderme en ello. Ni me quiero desviar ni procede entrar en detalle por una cuestión de discreción, pero no te imaginas las cosas que escriben.

Vamos ahora a la comunicación. Antes que nada, tenemos que andarnos con cuidado en el uso de las palabras. Para la inmensa mayoría de la gente, «comunicación» no supone tratar de decir la verdad, sino simplemente hablar, decir cosas. De hecho se habla de una sociedad de la comunicación.

Dicho esto, la comunicación me parece absolutamente indispensable. En cierto modo ya lo hemos dicho: es la que humaniza al hombre socializándolo. De ahí a convertirla en poco menos que panacea, en fomentar la necesidad de estar informadísimo, conectadísimo, media un abismo. Esto de la sociedad de la comunicación, de la información, ¿qué quieres que te diga? La información no es comprensión, tampoco conocimiento, puedes poseer una información abundantísima, estar informado, pero no formado. Algo bastante frecuente, por cierto.

—Exacto.

—Y ahora vamos a la comunicación en ese sentido más profundo del que tú hablas. Naturalmente ese aspecto de la comunicación es el que tiene verdadero valor.

Has explicado cómo el enfermo en una situación de vulnerabilidad total se abre al médico. En esas situaciones críticas, no es que te abres, la apertura no es exactamente una decisión voluntaria, es que te resquebrajas, rezumas lo que sea por las grietas de tu estado ruinoso. Mientras te oía, estaba pensando en las numerosas ocasiones en las que se han aprovechado de la buena disposición del moribundo. Los monjes aconsejando a reyes y duques y el resultado era que éstos donaban tierras para fundar un monasterio. Yo creo que en esas situaciones críticas es más el resquebrajamiento propio de la vulnerabilidad que la voluntad de comunicarse.

—Ya veo que no pierdes ocasión de... —sonríe Fuster.

—No, es que es verdad, es que es verdad, bueno, pues si queréis pongo otro ejemplo. Y, además, tenemos que reírnos de vez en cuando.

La persona que necesita descargarse de un peso, de un remordimiento, la que se arrepiente de algo del pasado, la que oculta algo y en una situación crítica quiere decir la verdad. Luego, si supera esa crisis y tiene que enfrentarse a las consecuencias de su confesión, se arrepiente de su ataque de sinceridad y vuelve a las andadas.

—Sí, intenta comunicarse para alcanzar la sensación de sentirse en paz y obtener alivio con la verdad. Fíjate, el sentido de estar en paz tiene los dos componentes, por un lado el arrepentimiento y, por otro, el de decir la verdad para llenar una carencia. El problema es si tal actitud comunicativa será duradera.

—Ya, pero el concepto de verdad es muy difícil de definir porque, digan lo que quieran, es mucho más subjetiva de lo que creemos. Sí, hay una verdad absoluta en las regiones más altas del espíritu donde lo blanco y lo negro se unen y lo bueno y lo malo todo es uno. Pero en el mundo en que vivimos la verdad es enormemente subjetiva, cada cual tiene su verdad.

—Es muy importante lo que dices, es muy difícil encontrar lo que es la verdad. Además, luego hay gente que se convence de que una determinada mentira es verdad.

—Quizá sobre comunicación haya que decir también hasta qué punto es explotada por el poder para condicionarnos. Uno de los grandes problemas es que nos condicionan el pensamiento. Hay muchos recursos para hacer fácil la transmisión de ideas que convienen y dificultar al máximo la transmisión de ideas que no convienen.

—De acuerdo, pero fíjate, estamos hablando de nuevo de dos comunicaciones distintas, la personal y la de la sociedad. Ciertamente esta segunda es la que está manipulada.

—Exactamente, manipulación es la palabra.

—Pero yo te estoy hablando de la comunicación personal con el paciente que facilita a éste un renacimiento, un cambio de vida, una toma de conciencia de que la solución no es beberse siete copas diarias. Te cuento una historia de Wall Street:

Me viene a ver un individuo joven, de unos cuarenta años, que tuvo un infarto. Empiezo a evaluar los factores de riesgo clásicos y, aparentemente, no hay nada. Entonces pienso: tratándose de un tipo de cuarenta años trabajando en un mundo supercompetitivo, tal vez sea consecuencia de la cocaína y empiezo a entrarle por ahí. Él lo niega todo. No, no, en absoluto, nada de drogas. Al cabo de cinco minutos le digo: «Mira, no estoy aquí para juzgar a nadie; ni puedo, ni debo ni tengo razones para juzgar; yo lo que te pido, como médico, es que me digas la verdad para poder actuar en consecuencia». Bueno, pues al final resultó que este tipo tomaba cada noche siete coñacs o bebidas similares y una dosis de cocaína por las mañanas antes de ir a Wall Street. Dos minutos antes, afirmaba convencido que no tomaba. Yo creo que lo negaba convencido, ¿me entiendes? El hombre se abrió cuando le hice ver que, en primer lugar, era su médico y no su juez y, en segundo lugar, como médico tampoco iba a juzgarle sino a intentar curarle. Luego tuvo una evolución muy interesante. Se desligó completamente de Wall Street y en estos momentos se dedica a la agricultura. El infarto le sirvió para descubrir que había sido empujado por el sistema a un lugar que no era el suyo y que no le conducía a buen puerto.

Te cuento esto por lo que estábamos hablando acerca de la verdad. En efecto, es relativa, uno puede convencerse de que una mentira es verdad, pero si uno se abre y encuentra la paz interior, puede reconducir su vida. Lo constatamos con frecuencia en medicina. El médico puede instaurar y despertar en el paciente el deseo de comunicabilidad. Luego lo importante es que esta persona empiece a comunicarse bien con otra gente, a corto y a largo plazo. Ése es un proceso más complejo.

—Claro, porque ya casi nadie escucha, ya no hay diálogo y si convences al paciente de que hable, puede ocurrir que no tenga con quién.

—Exactamente. Aquí lo tengo yo apuntado: el siguiente punto, el receptor.

—Pero estoy de acuerdo en lo que dices: aunque la verdad sea relativa, aunque cada cual tenga la suya, aunque haya gente que se comunique sin decir la verdad, el mero hecho de romper el caparazón y abrirse, es positivo, puede ser el primer paso importante para una nueva etapa.

—Dime, aunque a primera vista te parezca sorprendente, hay un aspecto sobre el que tengo curiosidad y no debo ser el único. Hace poco en un avión, el pasajero que se sentó a mi lado me reconoció, entabló conversación conmigo sobre estas cuestiones y al final me preguntó: «¿Cuando llegamos a cierta edad, no va bien una mujer joven?». A ti, José Luis ¿qué te parece esto?

No, no, hablo en serio —añade ante la sonrisa pícara de Sampedro—. La pregunta de aquel hombre me hizo pensar sobre el tema y al llegar a casa planteé la cuestión, a ver qué opinaban los demás. ¡Menudo revuelo armamos con opiniones para todos los gustos! Pero la pregunta que yo te formulo en relación con esto, que efectivamente está ocurriendo (en determinados ámbitos es bastante típico dejar a la mujer e irse con una mucho más joven), la pregunta es: ¿tú crees que esto ocurre por un problema de comunicación? ¿Es una cuestión de sexo, una combinación de ambas cosas o se debe a otras causas? Yo no tengo respuesta, sólo la evidencia de que a mi consulta acuden con frecuencia ejecutivos que dos años más tarde aparecen con una mujer treinta o cuarenta años más joven.

Por eso te traslado la pregunta de ese pasajero, ¿tú qué le contestarías?

—Bueno, en un nivel social alto son bastante típicas esas parejas. Imagino que se trata de una transacción más o menos en estos términos: ellas se benefician del poder y el lujo del hombre, mientras éste adquiere una posesión que le envidiarán sus amistades y, sobre todo, le sirve para reavivar su ya declinante potencia viril.

En otros casos se actuará por otros intereses familiares de otra índole. Pero, sin duda, hay muchos casos de afecto desinteresado. Para mí, cuando existe un sincero amor por parte de uno, y mejor en los dos, aplaudo la unión con independencia de la edad porque amar y amarse es un derecho innato y, en ocasiones, hasta un deber.

No, no se puede generalizar. En absoluto. Ni tengo ni creo que deba haber una respuesta única para la pregunta de tu compañero de asiento en el avión. Dependerá de las personas, las circunstancias, los motivos y tantas otras cosas.

—Bueno, yo la pregunta te la he planteado en el marco de la comunicación y comunicabilidad. Me pregunto si este fenómeno frecuente en nuestra sociedad no es una llamada, un intento de satisfacer la necesidad de comunicarse, de abrirse a una nueva vida. Y en ese contexto, me interesaba tu opinión. Me pregunto si puede tratarse de que encuentran fuera lo que no consiguen en su casa o si es simplemente una cuestión de prestigio social.

—Ambas cosas son posibles, pero hay más factores a tener en cuenta, como pueden ser los educacionales. La educación sexual contra natura inculcada por los curas en la infancia de muchos señores maduros no es del todo ajena a este fenómeno. Y luego, fíjate, tu experiencia se basa en personas que han vivido una situación crítica. Y en esos casos de enfermedad mortal, guerras, desastres naturales existe también un componente de irresponsabilidad. Uno, al percatarse de la vulnerabilidad, de la fragilidad humana, consciente o inconscientemente tiende a aplicar el «para dos días que mal vivimos, no nos vamos a privar». A partir de ahí, es muy fácil caer en la dejación de responsabilidades so pretexto de que la enfermedad te ha enseñado a relativizar. Se necesita mucho sentido común y una cabeza bien amueblada para distinguir lo superfluo de lo esencial y no confundir el soltar lastres con ser un irresponsable.

—En efecto, intervienen muchos factores y no se puede generalizar. Tampoco es una cuestión importante en sí misma como para buscarle respuesta, era sólo una curiosidad por mi parte dentro del contexto que hemos dibujado. Porque, naturalmente, cuando alguien quiere o necesita abrirse, no se lo plantea de una manera simplista y artificial.

—Sí, claro, no pone un anuncio en el periódico: «Persona ansiosa de comunicarse busca interlocutor».

—Pues no. Pero como por algún lado hay que empezar...

Como ya te he comentado, yo recomiendo mucho los animales. Perro, gato, lo del loro ha sido muy cuestionado por mis colegas. Y en Inglaterra conocí a gente que habla con las plantas. No saben cómo se llama la flor, pero la cultivan con cariño y le hablan.

—Sí, yo también conozco a alguien que habla a las plantas.

—A lo mejor uno de los primeros encuentros que puede ayudarte psicológicamente a conseguir satisfacción y paz interior es llegar a tu casa y encontrarte con el recibimiento del perro moviendo su cola y alegrándose de tu llegada. Y para empezar por esas pequeñas cosas no es necesario esperar a que te dé el infarto. Con la comunicación pasa lo mismo que con el tabaco. Mucha gente deja de fumar cuando ya le ha dado el infarto. Estos elementos de interacción es bueno iniciarlos cuanto antes. Lo mejor, en la infancia. Yo he sido partidario de ello. En nuestra familia la presencia de perros y gatos (casi todos recogidos en la calle por mis hijos) ha tenido un efecto importante en el plano de la emotividad que, en realidad, es el primer paso para abrirse la persona. Yo creo mucho en ello y por eso animo a los enfermos que me parecen atrapados en su aislamiento a que adquieran un perro o un gato y la experiencia me demuestra que les va bien. En fin, no sé si esto os parecerá medicina alternativa.

—No, no, en absoluto, a mí como terapia me parece muy bien. Pero en cuanto a regalar mascotas a los niños, considero fundamental que vaya acompañado de la correspondiente educación. El niño debe saber que el animal no es un peluche y hay que enseñarle a responsabilizarse de su cuidado.

—Naturalmente, lo doy por sobreentendido.

—Tú sí, pero lo resalto porque he visto y seguramente veré muchos casos en que los niños imploran por un animal, al fin lo consiguen para su cumpleaños o Navidades y se lo toman como cualquier otro regalo. Mientras el animalito es una bolita «¡uy, qué mono!», pero en cuanto crece un poco o se pone malo, se desentienden y ahí tienes a las madres sacando y limpiando a los perros. Eso cuando no los abandonan.

—Cierto, me gusta que hagas hincapié en ello.

—Otra cosa importante relacionada con la infancia y la comunicación es el ordenador. Lo mencionamos de pasada ayer o anteayer, pero ahora, si hablamos de comunicación, parece inevitable resaltar que las relaciones humanas se aprenden relacionándose con humanos y no con máquinas. Y si los niños se pasan horas aislados en su cuarto frente a una máquina, aunque esa máquina a través de internet les comunique con el mundo exterior, les faltará la comunicación humana a ese nivel profundo del que hablabas. La flexibilidad, la tolerancia, el sentido de solidaridad que exigen las relaciones humanas, la amistad, el amor, el apoyo, se aprenden entre humanos, no en las máquinas. No sabes lo que me alegró oírte decir que en algunas escuelas de Nueva York se lo están replanteando.

—Sí, eso está haciendo mucho daño y a los que creemos que las soluciones a los problemas sociales deben venir mediante la educación, nos parece gravísimo. Y es muy oportuno el plantearse si el uso actual de los ordenadores no está conduciendo a la gente joven precisamente a la incomunicación. Se da la paradoja de que la profusión y el abuso de medios de comunicación genera incomunicación.

—Tampoco hay que desdeñar la importancia de los contenidos. Porque, claro, asomarte a las enciclopedias de internet, está muy bien. Obtienes la misma información con menos esfuerzo, sin salir de casa, sin tener falta de espacio en tus estanterías, pero ¿y todas las cuestiones de opinión elaboradas y presentadas justamente para condicionar la mentalidad de los receptores de una manera brutal?

Humanismo y moral

—Bueno, José Luis, vamos a seguir con nuestro propósito para hoy. Decías, con razón, que el término «calidad de vida» no significa lo mismo para todos, que unos buscan la calidad en el ocio, otros en el éxito, otros en el retiro espiritual. Esa reflexión tuya entra de lleno en el aspecto moral, humanístico, espiritual, es decir, en lo que comentábamos como el cuarto aspecto cerebral que nos separa de los animales, y como parte de por lo menos dos aspectos de la felicidad: la ética del deber y la aportación social.

Aquí, creo que todos tenemos que cambiar nuestro chip.

—Sí, nuestro chip y nuestra escala de valores. No nos educan, no nos preparan para la humanización, nos educan para que nuestro objetivo sea el éxito, lo tengamos o no. Es la única meta que nos proponen. Nos educan para la lucha competitiva que conviene al poder, no para que vivamos agradablemente con calidad de vida, sino para que destaquemos, para que tengamos necesidad de acumular bienes. En realidad cuando tú dices que en el plano físico nadie es sano al cien por cien, es lo mismo que yo decía ayer a propósito del subdesarrollo, que nadie desarrolla sus potencialidades al cien por cien. Yo me habré desarrollado al ochenta o al setenta por ciento, pero ninguno de nosotros llega a hacer todo lo que potencialmente podría hacer.

—Exactamente. Y ya que lo has mencionado, ¿por qué no empezamos por definir el éxito? ¿Por qué no definimos la felicidad?

—¡Adelante!

—En mis primeras lecciones, acostumbro a definir el éxito a mis alumnos con una palabra inglesa: *fullfilment*.

—Ah, sí, *fullfilment*, realización en español. Completamente de acuerdo.

—Realización, tener dominio interior de uno mismo y moverse en el exterior sin dejarse invadir. Ya lo hablamos en las tres premisas para la felicidad. Esa definición del éxito nada tiene que ver con el éxito financiero, social o de otra índole. Muchos creen que los más felices son los de Wall Street que tienen tanto dinero, yo creo que en el fondo son los más infelices, aunque a veces ellos mismos tarden en percatarse.

—Tu definición del éxito se aproxima mucho a lo que yo digo; vamos, es otra manera de decir «ser quien soy».

—Exactamente. Esto es lo que creo ha de ser el éxito, llegar a este punto, «soy quien soy», y es por donde empiezo el curso. A continuación, en esa primera lección les defino la palabra felicidad o satisfacción, como quieras, en los términos que ya hemos abordado, con sus tres premisas. Les digo: «Señores, voy a definirles la palabra éxito y la palabra felicidad o, si ustedes prefieren, satisfacción. Mantengan esto siempre presente a lo largo de sus carreras».

Con estos dos puntos arrancamos el curso, ¿entiendes? Y a partir de ahí, entramos en ese terreno difícil del que hemos hablado esta mañana, en lo que distingue a los hombres de los animales, en esa esfera moral que a mí me cuesta mucho definir y que es muy compleja por los factores adquiridos. El sentido de moralidad me parece lo más anti ciencia que podamos mencionar.

—Efectivamente, es anti ciencia porque la moral tiene que ver con los valores no cuantificables matemáticamente, y con diferentes límites según las culturas. Se dice «valores humanos», pero hay valores humanos comunes al islam y otras religiones y hay valores muy diferentes de una cultura a otra. Ya hemos hablado de ello al mencionar las distintas actitudes hacia la vejez, por ejemplo. La ciencia encuentra muy difícil tratar algo que no es cuantificable. Ya lo hemos dicho: *science is measurement*. Y hay que ponerse de acuerdo en lo que se entiende como valores. Hay quien considera valores los diez mandamientos, otros pensamos en que es algo más, algo distinto a las normas de una institución religiosa.

—Exactamente. Aquí ha habido y sigue habiendo una gran confusión. Afirmo esto como científico interesado en temas morales. La confusión parte de la propia ciencia; muchos científicos son arrogantes, creen que solamente la ciencia puede dar una explicación a toda nuestra Historia y en realidad la ciencia sabe muy poco.

Yo me intereso mucho por el trabajo de los cosmólogos, los físicos, acerca de cómo empezó el mundo, el origen de la vida...

—Yo también.

—Pues sobre eso aparece una teoría cada semana y yo me pregunto cómo un científico puede contradecirse tantas veces en su vida y quedarse tan tranquilo. Lo que intento evidenciar con este ejemplo es que la ciencia en realidad es extremadamente compleja. Y ahora hablo de la biología, ya no me meto en ciencia en general, me ciño a la biología.

Fíjate, ¿cómo se explica que un corazón latiendo sesenta veces por minuto no se desgaste y en cambio a un Boeing 747 (uno de estos aviones, prodigios de ingeniería) hay que cambiarles alguna pieza cada dos por tres? Explícame el fenómeno. Naturalmente no vamos a hablar de milagro, pero a mí me resulta fascinante. Estudiando el corazón, su mecanismo de movimiento, ves cómo se juntan, cómo se abren y cierran las válvulas con un cordón, una y otra vez, sesenta-ochenta veces cada minuto, un día, otro día, toda una vida (que a veces dura cien años) sin desgastarse. El corazón se puede averiar si lo maltratas con grasas, drogas o si sufres una infección, como te pasó a ti, pero lo que es fascinante es que su mecanismo no se desgasta por el funcionamiento continuo. A mí me resulta imposible comprender el fenómeno.

—Yo tampoco entiendo cómo una hélice dando vueltas sube un avión de veinte toneladas.

—Sí, eso también, desde luego. Pero yo te estoy hablando de ciencia pura y de que hay que tener en cuenta el hecho de que el científico ha llegado a crear confusionismo dejando de lado aspectos a los que creo muy difícil que pueda llegar la ciencia.

—De la misma manera que tampoco puede llegar el computador.

—Es que no.

—Que no.

—Y ya estamos donde antes: la moral, la espiritualidad, aquello que distingue al ser humano del animal. El problema es cómo definimos la moral. Todos tenemos influencias distintas. Mira, tengo buenas amistades con personas de todo tipo, desde creyentes a agnósticos y ateos, humanistas, no humanistas, ¿me entiendes?, y me siento absolutamente confortable con todos ellos. No necesito que mis amigos piensen o sean como yo. Mientras se pueda razonar, estoy a gusto. Con el que no me siento confortable es con el arrogante, con el que quiere venderte algo.

—El que tiene la verdad en el bolsillo...

—Exactamente. Yo llegué al tema de la moral a través de la educación recibida en un colegio de jesuitas; otros llegan por otras vías. La mía fue ésa. Con el tiempo lo veo distinto y sé que no se necesita ir a los jesuitas para adquirir estos valores morales. La confusión se origina al mezclar los valores con los ritos religiosos. Pero es algo muy desafortunado que en muchos casos para rechazar los ritos religiosos y las imposiciones eclesiásticas, se incurre en el simplismo de rechazarlo todo, también los valores. En contraste, yo llegué al concepto de moralidad, de obligación, de responsabilidad a través de una educación en un colegio de jesuitas pero independientemente del impacto o no impacto religioso.

—Por eso la Iglesia tiene tanto interés en controlar la educación infantil.

—Pero, te repito, a mí esto se me grabó en los jesuitas, independientemente de la religión. El rechazo a una muy estricta educación religiosa no me acarreó la pérdida de determinados valores morales que se pueden adquirir mediante tal educación, como hice yo, o por otras vías.

—Ah sí, claro, claro.

—Cuando uno evoluciona, puede seguir creyendo en Dios o dejar de hacerlo, puede tener las creencias que sean en torno a la muerte u otros aspectos de la vida, pero los principios, las reglas morales, el compromiso con la vida y la sociedad, debe permanecer con independencia de la creencia religiosa. Al menos es mi caso. Y me parece importante precisamente en estos momentos de cambios sociales, de tecnificación y todo lo que venimos hablando desde hace dos días. Creo sinceramente que si no nos dotamos de humanismo moral estamos perdidos.

Ayer mencionaste de pasada la religiosidad en Estados Unidos. Voy a exponer ahora mi visión, la de un español que vive desde hace cuarenta años en Estados Unidos.

Yo viví en España hasta la edad de los veintitrés o veinticuatro años, es decir, mi generación en España es la generación de los cincuenta, obviamente muy distinta a la generación actual. Como te digo, adquirí unos valores a través de la religión que, pese a todas las críticas que retrospectivamente hago a ese modo tan estricto, los principios en sí me parecen válidos y no los veo en la juventud actual.

Y partiendo de mi experiencia personal, te formulo la pregunta: despojado el hecho religioso, ¿quién y cómo va a transmitir ahora esos valores humanísticos?

—Eso forma parte de lo que hemos dicho antes. Hay que entrar en la humanización. Buscar humanización es necesariamente buscar socialización porque el hombre fuera de la sociedad no es humano. Lo que nos hace humanos es la vida social. Los casos de niño-lobo de los que se ha tenido conocimiento, lo demuestran. No eran humanos. La sociedad nos humaniza, nos moldea, bien, mal, como quieras, y añade a nuestro ser biológico toda una serie de cosas, valores, conocimientos, tradiciones, actitudes ante el mundo, bases para una decisión, criterios de moral, etc. Humanización significa formas de convivencia social. Civilización, en una palabra.

¿Qué pasa con la ciencia? Que la ciencia es rigurosa en sus exigencias, exige contrastación empírica y demás verificaciones, pero la ciencia no es sabiduría. La sabiduría es mucho más que la ciencia, incluye la visión de la vida y la visión vital no es cuantificable.

Hace años encontré una frase de Niels Bohr, el químico Premio Nobel, que decía algo así: «Lo contrario de una afirmación falsa es una afirmación verdadera, pero lo contrario de una afirmación verdadera puede ser otra afirmación igualmente verdadera».

—Es un buen ejemplo.

—Yo en eso creo a rajatabla. La ciencia se mueve en el

nivel mental del cerebro esencialmente y me parece muy bien, pero creo que la racionalidad de la conducta (porque en el fondo la ética es la racionalidad de la conducta) exige algo más. La vida exige algo más que racionalidad. Exige espiritualidad, y el conjunto de ambas cosas es la sabiduría. Eso en otras culturas se ha desarrollado mucho mejor que en la nuestra. En algún sitio leí que el problema de traducción de ciertos tratados del sánscrito a nuestros lenguajes estriba en la profundidad psicológica de esos textos. Al parecer, la terminología de esa elaboración milenaria no tiene equivalentes en nuestros lenguajes de vida apresurada.

Naturalmente, la contrastación empírica y la metodología científica son muy importantes. No lo cuestionamos, pero, en definitiva, ¿qué es la verdad? Pues para cada uno de nosotros la verdad es lo que creemos que es verdad, bien porque uno mismo lo ha comprobado, bien porque se lo ha oído o leído a alguien de confianza o porque así lo imagina. Y cuando uno cree a pies juntillas que algo es verdad, como es el caso de la fe y las religiones, se entra fácilmente en delirios colectivos, por utilizar un término freudiano, y ahí están los ejemplos de las guerras de religión, las hogueras de la Inquisición, el Holocausto judío y las brutalidades que quieras. Cuando la verdad se convierte en fe absoluta, es inútil intentar demostrar que es mentira, que hay otras verdades, otras visiones. Es inútil.

—Permíteme una pregunta. Hablas de sabiduría y moralidad que, en mi opinión, son los conceptos que dan sentido a nuestra existencia, pero dime, ¿de dónde te viene a ti el sentido de moralidad? Ya sabemos cómo se transmite en el caso de los religiosos, pero existen humanistas agnósticos, humanistas ateos. ¿Cuál es el motor, la energía que los lleva a hablar de moralidad? Ésta es mi pregunta: ¿de dónde viene y por qué?

Dios o energía cósmica

—Bueno, Valentín, puedo contestarte en lo que a mí respecta. Cuando era niño, en el catecismo que nos imponían, el Ripalda o el Astete, se nos planteaba el sentido de la existencia con la pregunta «¿Para qué nos creó Dios?». Y la respuesta categórica: «Para servirle y adorarle en esta vida y después gozarle en la otra». Naturalmente, con el tiempo comprendí el alcance de tamaña barbaridad. Me parece una afirmación tan monstruosa que en sí es suficiente para destruir la creencia en ese Dios. Imaginar que el Dios, creador de los cien mil millones de estrellas y demás, de pronto un día se da cuenta y dice «anda, que no me adora nadie, a ver, necesito que alguien me adore» y entonces crea ese gusano que es el ser humano y le dice «adórame», es lo más impropio de la idea divina. Para eso no se necesita ser Dios, es una visión magnificada de ricachón de pueblo que exige adulación todas las mañanas.

Para mí el sentido de la existencia, por el que me preguntas, es una ampliación cultural, una expansión cultural de algo que es puramente biológico, tú lo has dicho, y está en los cerebros primitivos. Me refiero al afán de supervivencia. Somos portadores de vida y sobrevivir, sostener esa vida es nuestro primer objetivo. Luego, la cultura sobrepone a eso toda una serie de ampliaciones, de consideraciones. Para mí el vivir es hacerse lo que se es. ¿Qué es lo que soy? No lo sé, pero me tengo que hacer lo que soy. Eso es lo que da sentido a mi existencia, ése es el eje de mi existencia, del cual si me separo lo empiezo a notar. Me salen mal las cosas, me equivoco, no sé, algo se resiente, aunque tenga éxito.

—¿Y dónde está el sentido de la moral en lo que me estás diciendo?

—El sentido moral está exactamente en que yo estoy vivo, tengo que vivir, y tengo que vivir la vida que es la mía, está en la fidelidad a lo que soy, en adaptarme a lo que me rodea, en acomodarme, aceptar, sumarme al conjunto, en hacerme parte del Universo. Y para hacerme conscientemente parte del Universo, para convertirme en un ser que comparte la vida universal íntegramente tengo que hacer con mi vida lo más que pueda como tal vida, es decir, realizarme al máximo.

—Esto lo entiendo, pero ¿tú crees que engloba el concepto de moralidad?

—El concepto de moralidad oficial, no, pero el vital sí. El concepto de moralidad oficial, en el fondo, si empiezas a rascar, es la codificación de los intereses de los poderosos, sean poderosos religiosos, o sean poderosos políticos. La ley es la expresión de la voluntad del fuerte, digan lo que digan.

—Ya, pero ¿en qué concepto encajarías tú la contribución a la sociedad de la que hemos hablado antes?

—Ah, bueno, pues es uno de los aspectos de la realización de mi vida. Si pienso que no vivo solo y que estoy inmerso en una sociedad, tengo que compartir. Mi vida personal es una parte de la vida colectiva, la cual es una parte de la vida universal. Y en eso estamos.

—Es interesante, aunque, claro, mi concepto es un poco distinto. Tú me estás hablando de una realización personal que no puede ser completa si es ajena a la sociedad porque, de lo contrario, te conviertes en un ser aislado y tu realización consiste en integrarte en el universo. Es interesante porque me parece un enfoque educativo, pero no es como yo lo vivo.

Yo lo vivo como una obligación, que es algo distinto, y con esto entramos en el punto de la religión católica.

Uno de los problemas más importantes de la religión católica es básicamente el negativismo. Es lo que está llevando al cisma dentro de la Iglesia católica.

—Exactamente, un merecido cisma.

—Cuando yo me analizo viniendo de donde vengo, veo muy probable que mi intenso sentido de la obligación, de hacer algo por alguien no tiene su origen en ese sistema de premios y castigos tan propios de la religión católica. Y es curioso porque estamos hablando dos personas diciendo algo parecido y distinto a la vez. En mi caso es un sentido de la obligación, tal vez, pero no estoy seguro, enraizado en la religión y en el tuyo es el sentido de realización personal a través de la reflexión.

—Seguramente, aunque, no creas, yo también tengo un sentido de obligación, pero es de obligación a la vida, que es mucho más, más arriba que ese Dios que considero una invención. Mi obligación es una obligación hacia mí, pero hacia mí dentro de un todo, dentro del cosmos, vamos. Mira, una cosa muy clara es ver el mundo como macrocosmos y la persona como microcosmos. Y no termino todavía porque queda una cosa.

—No, ya, ya.

—Es que tú me preguntaste dos cosas —continúa Sampedro—: una, el sentido de la vida y otra, la sabiduría. La sabiduría es mucho más que la ciencia y mucho más que la vida y todo lo demás.

—Sin duda alguna —asiente Fuster.

—Para mí la sabiduría es la vivencia de la sintonización con el macrocosmos, vivir sintonizado consciente o inconscientemente con el mundo, con el Universo, con lo que te rodea, con el todo del que tú formas parte. Ser parte profunda de ese todo, eso es sabiduría.

—A ver, a ver. Permíteme que sea yo quien te formule las preguntas porque me interesa mucho lo que dices. A mí, una de las cosas que más me ha impactado como científico es nuestra ignorancia. Y dentro de nuestra ignorancia científica, uno de los terrenos más resbaladizos es precisamente el tema del Universo que tú has tocado someramente. Es un tema que a mí me interesó mucho durante algunos años. Cuando empiezas a leer a físicos y cosmólogos te percatas del desbarajuste, el desajuste entre lo que se pontifica y lo que en realidad se sabe es muy grande. Eso está haciendo mucho daño. Nadie está libre de pecado en un mundo con tantos intereses creados. Me has dicho que tu concepto de Dios es...

—Es una invención. Es lo que he dicho.

—Explícate.

—Un personaje de mi novela *Congreso en Estocolmo* decía que el hombre crea a Dios a su imagen y semejanza, gracias a lo cual la censura previa se cargó inicialmente el libro entero. Luego conseguí que la novela pasara suprimiendo esa frase. Ni siquiera me sirvió haber tomado la precaución de especificar que el Piel Roja tiene un Dios gran cazador de bisontes y el esquimal de focas, etc.

Para mí el Jehová de los judíos es un poderoso dueño de grandes ganados que gobierna como un gran señor. Tú te lees en la Biblia el pasaje sobre Sodoma y Gomorra y te encuentras con que Dios llama a Lot y le dice: «Oye, vete a la ciudad de Gomorra y dime lo que pasa allí que dicen que pasa...», y te preguntas pero ¿cómo Dios, siendo Dios, no sabe lo que está pasando en Gomorra? Y Lot informa. Y Dios pide aclaraciones, etc., y le dice a Dios: «Señor, sí, allí los hombres pervertidos...». Esto lo cuenta la Biblia tan tranquila. ¿Te parece serio?

—Eso me preocupa menos porque está claro que podemos reaccionar a los ritos, podemos reaccionar a los aspectos que acabas de mencionar, cada época describe a su manera el contexto histórico, describe los Nuevos Evangelios. Yo sí encuentro aspectos muy positivos e importantes en el cristianismo y judaísmo. Tu posición frente a la religión católica es de rechazo, la mía es la de intentar crear.

—Más bien seleccionar. Yo respeto a los creyentes, pero rechazo al clero.

—Sí, seleccionar. Y la pregunta que intento formularte

es la siguiente: ¿te has planteado que el Universo pueda tener un cierto orden inexplicable sin la creencia en un «Dios»? Y, por favor, al contestarme, olvídate de todo sistema ritual, de las guerras de religión, de toda esta historia. Estoy hablando en otro plano, en otro escenario. Estamos aquí sentados, tenemos una misión y yo te pregunto: ¿cómo te planteas tú todo esto?

—Mira, yo me lo planteo diciendo que la fuente de absolutamente todo lo que existe es lo que yo llamo la energía cósmica, y que tú puedes llamar Dios, si lo prefieres. ¿Cuándo empezó la energía?, si es que empezó, ¿quién la creó?, si es que la creó alguien, ¿cómo saltó?, no lo sé. Por ejemplo, el Big Bang, será verdad o no, pero podría explicar la evolución de todo esto. Como la semilla. Algo tan pequeño como la semilla genera un árbol. Bueno, se puede aceptar todo eso, sin seguridad, pero lo que es cierto es que es fruto de la energía. Para mí el mundo es esencialmente vacío y energía, entendiendo por vacío no la nada, sino un ambiente, un ámbito por decir así, provocador, conjurador, convocador de la energía y que además está transido y traspasado y lleno de energías en forma de radiaciones. Cuando leo por un lado que la energía se estructura o se coagula en materia (porque según Einstein, la energía y la materia son convertibles), y cuando, por otro lado, leo que en cuestión de pequeñez, la nanotecnia está llegando a milésimas y millonésimas de milímetro, que los corpúsculos que utilizan los físicos son tan diminutos como meros puntos portadores de energía, creo que, efectivamente, el mundo es vacío y energía.

Lo creo, es mi verdad. Y, además, estoy contento porque,

en lo poco que sé de física y lo poco que sé de los orientales, les veo coincidir.

Algo más

—Fíjate —incide Fuster—, yo creo, en contraste contigo, que hay algo más.

Recogiendo todo lo hablado en estos dos días, creo que, en general, empleamos mucha energía, siguiendo con tu terminología, en desgranar conceptos. En cambio, estamos fallando en la creatividad desde el punto de vista de la sabiduría que has mencionado, no desde el punto de la ciencia que, como ya hemos visto, va adelante a buen ritmo.

Te pregunto: ¿cómo podríamos nosotros contribuir al cambio de esta sociedad en la que observamos un claro deterioro de los valores? ¿Qué podemos hacer nosotros en pro de la restauración de aquellos valores humanos que nos parecen imprescindibles para la buena convivencia y para la salud colectiva? Ahí, en esa falta de respuestas, en esa impotencia, es donde yo veo que falla la creatividad. Tú me dices: «Yo me hago a mí mismo y como ser inserto en la sociedad....», y yo te contesto: «Sí, eso es una visión y una definición del humanismo...», pero sinceramente, no veo en ello la solución. Para encontrar una solución, ha de haber algo más. A mí me ha influido mucho Teilhard de Chardin.

—No. Yo no trato de convencer a nadie. Y también acepto que puede haber algo más, pero sitúo ese algo más en la punta de lanza del espíritu. Es, digamos, la avanzadilla del progreso, de la evolución, de la energía.

—Bueno, a esto Teilhard de Chardin lo llama punto omega. Te menciono a Teilhard de Chardin porque era un jesuita francés que tuvo sus problemas con el establishment, pero (o tal vez porque) fue un científico que a mí me influyó mucho. Tengo la sensación, una intuición, alguien lo llamaría fe, de que hay algo, un alguien que nos está llevando a algún sitio, a este punto omega, ¿comprendes? Es una percepción interna.

Me resulta difícil comprender dónde estamos y encarar el cómo estamos simplemente diciendo: bueno, todo esto es una consecuencia de la energía. Me cuesta aceptar esto sin más, como científico y como observador.

—Lo comprendo.

—Una de las personas que a mí me ha inducido mucho a la reflexión en estos temas es el doctor Francis Collins, el director del programa de genética del Instituto Nacional de la Salud de Estados Unidos. Es uno de los dos autores del mapeo genético humano. Nos conocemos y hemos hablado con motivo de un doctorado *honoris causa* que recibimos juntos en la clínica Mayo. Es un hombre muy interesante porque siendo creyente es un científico puro y cuando hablas con él te transmite lo mismo que os estoy transmitiendo yo ahora. Él ve la ciencia como una parcela dentro de algo que yo creo que has definido muy bien, que está muy por encima de él, pero también ve al individuo, a la persona. Es difícil condensar aquí en unas palabras la profundidad de lo que transmite el hombre, este ser pensante, este ser emocional.

Todos necesitamos andar de alguna manera por la vida. Yo te hacía esta pregunta acerca del «algo más» primero por el respeto que te tengo, naturalmente, como persona y como pensador y por lo mucho que me interesa el tema. Como científico y como persona ligada a la persona, creo en tu respuesta, en la energía, en el cosmos, pero también tengo la intuición de que hay también un *reason for* (motivo, razón de ser), algo más que simplemente la energía.

—Bueno, yo ahora quisiera decir una cosa. Admito ese «algo más», esa cosa diferente que dices tú, pero yo la sitúo en el ápice, en la llama más alta del espíritu del hombre. Es su punto de máxima tensión hacia delante, donde la energía en evolución creadora irrumpe en el mañana.

Hay un problema que tú has mencionado de pasada: «creo que esto nos lleva a algún sitio» o algo parecido has dicho. Se trata, pues, de si el proceso de evolución histórica tiene una finalidad en concreto o si el proceso no tiene finalidad. Personalmente creo que no tiene finalidad. Creo que la energía, la vida no actúa siguiendo un plan deliberado con una hoja de ruta, sino que actúa como el sembrador, por dispersión de energía, por multiplicación de oportunidades. La vida, por decirlo gráficamente, se levanta por la mañana y dice «bueno, vamos a seguir adelante» y coge un puñado de energía y hace «brrrrr» y la esparce por ahí. ¿Qué va a salir de esa siembra? Pues no sabemos.

—Me ha gustado mucho cómo has resumido la cuestión. ¿Hay o no hay finalidad? Mi intuición es que sí, la tuya que no.

—Pues sí, yo lo veo así: la vida se levanta y hace «brrrrr».

Luego unas cosas funcionan y otras no, una especie se crea, otra se destruye porque no cumple y así sucesivamente, pero la cosa marcha y la complejidad organizada sigue creciendo, aumentando, proliferando. Y puesto que tú sí crees en una finalidad, ¿te apetece detallarlo un poco más? ¿A qué finalidad te refieres?

—No, ahí ya no entro —se niega Fuster—. No sólo porque es muy tarde. Sinceramente, creo que sería una pedantería por mi parte decirte que tengo respuesta a ello. Lo único que puedo decir es que hay algún fin relacionado con ciertos aspectos de la moralidad, con aquel cuarto aspecto de la función cerebral que hablábamos antes, el espíritu, la espiritualidad, algo o alguien que nos trasciende.

Morir un poco cada noche

Todo tiene principio y fin. Lo tienen estas conversaciones, nuestra estancia en Cardona y lo tiene la vida misma. Un ensayo dialogado en torno a la ciencia y la vida, como es este libro, no puede omitir un capítulo dedicado al tema de la muerte, el último acto vital, el final del trayecto en esta aventura que es el vivir. ¿Fin? ¿Inicio? ¿Tránsito? Cada cual tiene sus creencias, pero como dice un poema de Benedetti, la muerte es muy democrática, alcanza a ricos y pobres. Por eso es conveniente prepararse para aceptarla serenamente y con dignidad. Para ello, lo primero es perder el miedo de hablar del tema con naturalidad.

A Sampedro le gusta mucho una leyenda persa, la del puente Shinvat. Según esa leyenda, al morir, las almas se encuentran frente a un abismo que deben cruzar si quieren alcanzar el paraíso. En ese momento, a los justos, se les aparece un ángel que les tiende un hilo por el que les ayuda a llegar al otro lado.

Al doctor Fuster, como médico que tiene a la muerte muy presente en su hospital, probablemente le guste esta otra, menos poética, pero expresiva: la leyenda atribuida a la muerte de Garibaldi. Cuentan de él que, una vez retirado de aventuras y *batallas, estaba descansando en su residencia y un día, a punto de cumplir setenta y cinco años, entraron por la ventana de su habitación dos pájaros que se posaron en su cama. Cuando fueron a espantarlos, dijo: «Dejadlos, vienen a por mí» y acto seguido murió.*

La bajada del telón

—José Luis, me gustaría hacerte una serie de preguntas, pero antes debo ordenar mis notas.
—Yo también.
—Sabes, yo vivo constantemente con la muerte.
—Claro.
—Preferiría no decir «constantemente» porque para un médico contar que se le mueren los pacientes, no es el mejor marketing que digamos, pero tú ya me entiendes, todos los que vivimos la realidad hospitalaria estamos cerca de la muerte y tenemos mucha experiencia. El tema es muy complejo, así que voy a empezar con una enumeración a modo de índice de las facetas del problema, sin ahondar de entrada en ninguna de ellas.

En primer lugar el aspecto físico y cómo se le transmite al paciente su situación, lo que le está pasando y lo que le puede pasar. Unido a ello está el aspecto anímico del paciente. Ahí creo que es de puro sentido común que todos los que rodean a un moribundo tienen la obligación de contribuir a ayudarle a morir en paz, aunque muchos se enfrentan al *I don't know what to say* (no sé qué decir) tan típico en estos casos.

—Sí, claro, no siempre es fácil encontrar las palabras ni el modo más adecuado de acompañar en estos trances.

—Bueno, en relación al entorno éste es un problema, pero luego hay otro mucho más grave. Lo siento, voy a ser muy crudo, pero hablo por experiencia. Es relativamente frecuente que cuando alguien se encuentra en una situación en la que tiene todas las papeletas para un desenlace fatal, afloren los intereses del entorno. Para mí, la gran tragedia de la muerte es cuando aparece la familia enfrentada por intereses personales. De los demás, no del paciente, ¿entiendes? Cuando en lugar del desvelo por el bien morir del enfermo prevalecen otras cuestiones.

El tercer aspecto son las creencias y expectativas del enfermo, cómo concibe la muerte, qué piensa que va a ocurrir durante y después de la muerte. Woody Allen decía: «Mi problema, mi gran ansiedad es saber cómo me muero», o algo parecido. Es decir, en general existe el temor, la ansiedad de lo desconocido. A los pacientes que me preguntan cómo será ese momento suelo decirles: «Es como dormirse, en realidad cada noche nos morimos un poco». Intento que dejen de darle vueltas a la idea, que no imaginen grandes cataclismos y creo que esto les ayuda algo.

Bueno, éstos son los aspectos que, creo, debemos tocar, pero antes de entrar en ellos, ¿tienes algo que añadir o comentar?

—Bueno, una vez más me toca complementar tu índice con el aspecto social. Vivimos en una sociedad que escamotea el problema de la muerte todo lo que puede. No comprende o no acepta que la muerte está incluida en la vida, que desde el nacimiento empezamos a morirnos un poco cada día.

Antes, la gente, generalmente, moría en su casa, rodeada de la familia, asistida espiritualmente por el cura de su parroquia. Ahora casi nadie muere en casa. La gente muere en los hospitales.

—Sí y es una pena. Yo también creo que, a ser posible, la gente se ha de morir en su casa. Pensaba hablar de ello cuando entráramos en materia.

—Bien, pero lo que quiero decir es que implantando estas costumbres, la sociedad nos escamotea la idea de la muerte en lugar de reconocer que la muerte es el coronamiento de la vida, que forma parte de ella, que es el episodio final, la bajada del telón, ¿verdad? En vez de educarnos en esa idea, escamotean el momento, prescinden del telón y no nos habitúan a pensar que uno es mortal. Eso, en otras sociedades, en la sociedad clásica, era al contrario. Y los reyes tenían bufones que les recordaban que eran mortales y cosas de ésas, porque eso es útil para enfocar la vida y para ver cómo hay que vivir. Ahora no. Ahora entre hospitales, centros para terminales, sanatorios y demás, nadie muere en casa, todo lo relativo a la muerte ocurre lejos y eso dificulta la aceptación de la muerte como algo natural. Para mí es un defecto de la sociedad.

—Comparto tu opinión, eso dificulta mucho la aceptación de la muerte. Y, luego, hay otra cuestión. La no aceptación de la muerte fuerza también a tratamientos ridículos que, obviamente, no pueden aplicarse en casa. No puedes tener en casa a alguien intubado, con monitores, enfermeras y todo lo que ello comporta. Por un lado, la unidad familiar se está perdiendo y, por otro, no estamos preparados para asumir que aferrarse a determinados tratamientos sólo sirve para prolongar la agonía. Es decir, la sociedad actual no está preparada para que el enfermo muera tranquilamente en casa. Éste es uno de los retos más importantes que tenemos.

—Claro, claro. Yo estoy completamente en contra de prolongar la vida de esa manera. Lo digo conscientemente, ¿verdad? Yo comprendo que se haga lo posible y lo imposible por retener a una persona de veinte o treinta años, a alguien que tiene alguna esperanza o tiempo por delante para que se invente algo, pero a mi edad, por ejemplo, no quiero que me prolonguen la vida cuando vivir ya no sea vivir sino vegetar. Se lo digo siempre a Olga, lo sabe perfectamente.

—Ya. Estoy de acuerdo.

—Porque, además, esto nos lleva al problema de la dignidad que no se puede obviar. La dignidad es importantísima tanto para vivir como para morir. Yo no quiero que me prolonguen artificialmente, pero sí quiero cuidados paliativos que, llegado el momento, me hagan el trance menos doloroso, menos feo, menos indigno. Y lo que no comprendo en absoluto es la lucha contra la eutanasia.

—Ya. El problema de la eutanasia tiene una cierta similitud con el de las células madre. La controversia nace por considerarla como un asesinato. Habría que cambiar las palabras, usar el lenguaje con propiedad y esclarecer los conceptos. Es un problema complejo. Pero no nos desviemos del primer punto: ¿qué le dices tú al enfermo? Es un tema importante no sólo médico, también cultural; cada país tiene sus modos y maneras. En Estados Unidos esto se trata de manera más bien fría. Lo que se le dice al enfermo, generalmente, es la verdad «seca». Yo creo que viene dado por el tema de la productividad. Ya sabes, en cuanto no produces, eres material de desecho. No sé si es una actitud consciente o inconsciente, pero es una sociedad muy imbuida por la cultura del «tanto produces, tanto vales» y creo que eso influye en el modo de abordar la cuestión.

—Sin duda, el «usted sobra, caballero» está en el ambiente.

—No te quepa duda. Yo siempre lo he achacado al tema de la productividad. Sin embargo, mi punto de vista como médico es que al paciente se le debe decir la verdad. Ahora bien, has de ir con mucho cuidado en el manejo de esa verdad porque una cosa es el diagnóstico y otra el pronóstico. Siempre recordaré al enfermo que ingresó con un tumor de la arteria pulmonar. Fue un diagnóstico difícil, pero cuando di con ello, respiré aliviado y lo dejé en manos del neumólogo-oncólogo. Yo ya no estaba allí cuando habló con la familia, pero sé que les pronosticó siete días de vida como máximo. Siete años más tarde sigue vivo, lo visité la semana pasada. Es un claro ejemplo de lo difícil y arriesgada que es la predicción. En biología lo que en teoría parece igual para todos, en la práctica puede tener una evolución absolutamente distinta, las reacciones individuales del organismo son imprevisibles. He visto enfermedades cardíacas teóricamente terminales en enfermos que al cabo de cinco años siguen bien. Relativamente, claro, al menos siguen vivos, que es de lo que estamos hablando ahora. He visto enfermos con tumores, leucemias con pronósticos muy distintos de lo que después ha sido su evolución. Hay un elemento que es intangible, que desconocemos, el de la vitalidad de la persona, la posible reacción biológica frente a un tumor u otra enfermedad grave. No hay científico ni médico que lo domine.

—Claro.

—Ésta es la realidad. Y como tú decías, la verdad es relativa. ¿Qué significa no engañar al paciente? Para mí decir la verdad a un paciente es explicarle bien el diagnóstico y ser cauto con el pronóstico. Decirle que su evolución depende de muchísimos factores, la mayoría conocidos, pero también de otros que desconocemos. Ésta ha sido siempre mi actitud personal. ¿Por qué? Porque sé que dando un pronóstico de forma categórica me puedo equivocar radicalmente. Dar un pronóstico es algo terriblemente arriesgado. Naturalmente, esto se refiere al enfermo que ves en la consulta o en el hospital, que está plenamente consciente; pero cuando se trata de un paciente intubado, medio inconsciente, con quien hablas es con la familia.

—Claro.

—Y al hablar con la familia el problema es distinto porque, en esos casos extremos, surge la cuestión de si está justificado o no lo que se está haciendo. Ahí sí creo que el médico debe mojarse con un pronóstico porque las posibilidades de equivocarse son muy inferiores; y el gasto económico y el sufrimiento inútil pueden ser enormes. No saturar las unidades con enfermos desahuciados también es nuestra responsabilidad, ¿me entiendes? Yo en estos casos de enfermos medio inconscientes hablo con la familia y les digo: «Mire, si se tratara de mi padre...». Siempre imagino a un familiar mío en la misma situación y lo que yo haría con él es lo que traslado a la familia. Eso me ha evitado muchos problemas.

—Sí, claro, es lo que más tranquiliza. De hecho, si no se adelantan ellos, es la pregunta que le hacemos siempre a los médicos cuando debemos tomar una decisión: «Oiga, doctor, y usted a su padre, madre o hermana (según el caso) ¿qué le aconsejaría?».

—Claro, es la pregunta. Y yo en el caso de los pacientes moribundos no tengo dudas. Como médico, pienso lo mismo que tú has expresado antes como paciente: prolongar el estado agónico no tiene sentido.

—Mira, yo viví esa experiencia con mi primera mujer. Después de tres meses de ingreso hospitalario, llegó un momento en que los médicos me dijeron: «Mire usted, esto se puede prolongar, ¿verdad?, pero no vemos la menor posibilidad de solución de ninguna clase y su mujer está sufriendo». Hablé con mi hija, y los dos estuvimos de acuerdo en decirle al médico que, en la medida de sus posibilidades, no prolongara la situación. Y lo hicimos con plena conciencia, sin intereses de otro tipo ni otra intención que aliviarle el sufrimiento final y proporcionarle una muerte digna.

—Sí, tú hablas de buscar la muerte digna, pero esto también es problemático. Y te puedo dar un ejemplo. Existe otro tipo de pacientes para quien cada día de vida es importantísimo. Aunque sepan que se van a morir, quieren arañarle a la vida todo lo que puedan hasta el último minuto. Recuerdo el caso de un científico joven, compañero mío, con un cáncer gástrico sin posibilidad de supervivencia. Él lo sabía, pero se aferraba a la vida, no quería que nada ni nadie se la acortara en un solo día.

—Sí, también nosotros tenemos un amigo en una situación similar.

—Por eso hay que andarse con mucho cuidado. Si estás delante de un paciente para quien diez horas de vida representan tanto, aunque no entiendas el motivo, hay que respetarlo. No puedes llegar y decirle: «Mira, vas a morir con dignidad» y privarle de esas diez horas.

—Obviamente. No somos todos iguales, hay diferencias culturales, ideológicas, psicológicas, familiares. Tampoco vivimos las mismas circunstancias, es normal que unos quieran una cosa y otros prefieran otra. Respetarlas todas es lo correcto, lo que no es admisible es que las creencias de unos se impongan a otros. Los partidarios del bien morir no imponemos nuestro criterio a quien prefiera permanecer intubado hasta que el cuerpo aguante. En cambio, los enemigos de la eutanasia sí pretenden y, de hecho, imponen alegando creencias religiosas, que los demás también aguantemos.

—Mi actitud es siempre de respeto y mis consejos, como te he dicho, parten del supuesto de qué haría yo con mi padre. En general, da buenos resultados, pero a veces los problemas con la familia no son fáciles. Hay familias que siguen este razonamiento y las hay que no. Hay familias unidas, con una sola voz y las hay con criterios contradictorios, variables. La relación con familiares que cambian continuamente de opinión, que no permiten al médico saber claramente lo que quieren es muy compleja y, lamentablemente, frecuente. Yo he vivido casos en los que la posición de la familia ha sido tan errática que he preferido abstenerme y les he sugerido que consulten con otro médico.

—¿Con otro médico?

—Sí, yo ante los constantes cambios de opinión, me retiro, especialmente si ves clara la conducta a seguir con respecto a la dignidad del paciente. Con otras palabras, en el momento en que me percato de que se está jugando con la dignidad de la persona o que existen factores o intereses ajenos a la situación del paciente, no puedo seguir y sugiero otro médico.

—No, claro.

—Es que estas cuestiones pueden originarte incluso problemas legales. Cuando unos empiezan con el «usted tiene obligación...» mientras otros te dicen «sobre todo que no sufra...», lo mejor es abstenerse.

—Claro, el médico no puede situarse de parte de unos o de otros, ni está para dirimir conflictos familiares.

—En fin, yo os he comentado un poco ciertos aspectos no tan infrecuentes, pero lo que quiero resaltar es que a la hora de los pronósticos hay que ser muy cuidadoso.

—Hay otra cuestión que quiero comentar. A mí en una de esas preguntas tontas que hacen algunas revistas, me plantearon: «¿Cómo quisiera usted morir?» y yo contesté: «Enterándome».

—A eso es a lo que le tiene miedo Woody Allen.

—Precisamente a eso voy. Tú le dices al enfermo la verdad y, para mí, tienes razón. A mí no me gustan los eufemismos. Una cosa es exponer los hechos de buenas maneras, con tacto y delicadeza y otra la palabrería absurda y los circunloquios estériles. Pero pregunto si no hay que tener en cuenta el carácter del enfermo. Es una pregunta, ¿eh?, porque yo supongo que así como yo quiero enterarme, habrá otro que no quiera saber la verdad. Cuando le dices a alguien «usted está muy mal», habrá quien lo encaje con serenidad y habrá quien se hunda en la miseria, ¿no?

—Me gusta que lo plantees porque no he precisado este tema y se refiere a un momento verdaderamente crítico. Le estás hablando a una persona que tiene un espíritu, unas reacciones, una emotividad, un pasado, que muchas veces no conoces suficientemente y, sin embargo, tienes que explicarle la verdad de su situación. Evidentemente tienes que individualizar. Cuando dices lo que harías con tu padre, en realidad no estás recordando a tu padre, estás imaginando e intentando ponerte en la piel del paciente. En fin, no es fácil. Creo que me has entendido, ¿no?

—Perfectamente.

—Pues ya hemos visto lo que se dice al enfermo y a la familia, pero tú acabas de mencionar el tema de cómo le gusta morir al enfermo.

En torno a esto yo diría que hay tres culturas distintas. La cultura religiosa, la cultura humanística y la cultura laica. Cuando alguien muere en un hospital, el problema es que el personal no siempre está bien orientado y puede ocurrir, por ejemplo, que a un judío le traigan un sacerdote católico.

A mí me tranquiliza mucho el concepto de dignidad que has mencionado, pero cuando hablamos de morir, yo añadiría la palabra «paz». Tomarse en serio lo de «que en paz descanse», conseguir que el paciente tenga esa sensación.

—¿Que la acepte mejor?

—Sí, *this is it* (eso es).

—Voy más allá, que colabore.

—Que colabore. Y fíjate, por eso he querido tratar la comunicación y el aislamiento antes de entrar en el tema de la muerte porque cuando uno penetra en la persona, descubre el deseo de comunicar algo, el arrepentimiento, un secreto, las ganas de sincerarse, de transmitir lo que cree que es verdad, todas esas cosas de las que hemos hablado. Y hay que tratar al paciente con mucha sensibilidad y el médico ha de ir con sumo cuidado porque muchos le toman como tabla de salvación.

—Se enganchan.

—La mayoría de las personas, cuando se percatan de que la lucha contra la enfermedad ha terminado y ven el final, lo que desean es morir en paz y expresar algo que les permita sentir «ya lo he dicho todo, ya me puedo ir tranquilo».

—Y dejar un cierto recuerdo. En eso yo creo que la farmacopea actual también ayuda porque con lo que te meten en los goteros, te quedas en un estado de placidez en el que lo aceptas todo.

—Ciertamente. Y ahora te pregunto: ¿qué es lo que se te plantearía en el momento de la muerte? Me explico: en una ocasión sufrí un percance de aviación, uno de esos vuelos desbaratados del que afortunadamente salimos ilesos, pero durante un rato tuve la convicción más absoluta de que el avión se estrellaba. Entonces, en diez segundos me topé con la realidad de mi vida. Mi pregunta es: ¿qué se te plantearía a ti en un momento parecido? La pregunta no es cómo quieres morir sino acerca de tu vida pasada, de la continuidad, del legado que dejas a los tuyos o tu contribución social. Yo también te contestaré porque creo que el tema es importante.

—Bueno, sobre mi pasado lo tengo bastante claro. Sé que hay cosas que he hecho mal.

—No, hombre, que no es eso, no estoy pidiendo autocrítica.

—Ya, lo he entendido y te estoy contestando pensando en el final. El pasado, pasado está y no me preocupa. Si lo he hecho bien o mal es otra cuestión. Supongo que como todas las biografías, la mía también tiene luces y sombras, aunque estoy seguro de no haberle hecho daño a nadie deliberadamente. A mí lo que más me preocupa es la suerte de quien se queda, sobre todo, la suerte de Olga, pensar si le he dejado bien arregladas las cosas. Sé que no se las he dejado, ni se las dejaré bien arregladas, de ninguna manera, ¿verdad?

—Bueno, no debería ser tema de preocupación. Por lo que sé, tu agente literaria parece llevar muy bien tus cuentas.

—Desde luego, pero hay otras cosas. Hay papeles en mi casa que me gustaría dejarle ordenados. Me gustaría. Haré lo que pueda según cuánto viva, pero como se generan a mayor velocidad de lo que yo ordeno, sé que no llegaré a ordenarlos. Recuerdo la cara de extrañeza de los oncólogos cuando le diagnosticaron el cáncer y ella no paraba de decirles: «Hagan lo que quieran, pero yo tengo que sobrevivir a Sampedro cinco años porque no creo que pueda ordenar en menos tiempo todo el papel que deja tras de sí». Pero es verdad, es así. Ésa es mi preocupación básica. Bueno, también me importa mucho la manera. Evidentemente me preocupa mucho más el cómo. El morir sin sufrir ni hacer sufrir demasiado me preocupa más que lo que dejo.

Sí, tengo el propósito de dejarle todos los papelitos ordenados y con indicaciones, pero ya ves cuando me digo «este verano lo hago», pues vienen y me dicen: «no, este verano hacemos un libro con Valentín Fuster» y, claro, se pospone una vez más y luego me esperan en Jaca y tampoco podrá ser y así sucesivamente.

Por otro lado, también pienso: «Bueno, pues la vida es así y ¿qué pasa si no lo ordeno? Pues no pasa nada». No pasa nada, Olga cogerá esos papeles, manejará los que pueda, hará lo que estime oportuno. El mundo sigue andando y aquí no pasa nada. No, no tengo preocupaciones profundas.

—Es curioso, es interesante. Sí, creo que has contestado a mi pregunta.

—Y te aseguro que lo hago con toda sinceridad. Es lo que pienso en torno a mi muerte.

—Es curioso —repite Fuster un tanto extrañado—. Ahora me toca a mí y mi respuesta será mucho más compleja. A lo mejor te parece que estoy para psicoanalizar, pero te voy a explicar lo que se me planteó cuando parecía que el avión se estrellaba inevitablemente.

—Ah, sí, en el avión.

—Bueno, es que ese ejemplo me parece algo concreto, tangible y verificado. Porque teorizando puedo contarte cualquier cosa que en este momento me parece absolutamente cierta y, llegado el momento, mi reacción puede ser muy distinta.

—Desde luego. A lo mejor en el momento de morirme no estoy para pensar en nada de lo que acabo de contarte.

—Claro, esto lo veo muy a menudo en mi experiencia médica. Todos te describen lo que quieren y lo que no quieren, pero llegado el momento, en muchos casos, lo que uno piensa es distinto. En cierto modo es la consecuencia normal de la vulnerabilidad.

—Sí, yo tampoco sé lo que haré.

—Pero lo que yo te explico fue la cruda realidad. Fueron cuatro cosas las que, en pocos segundos, pasaron por mi cabeza. En primer lugar pensé «en lo que dejaba». En eso coincido contigo. En segundo término, pensé: «¡Qué lástima, qué lástima!». En tercer lugar, apareció mi acentuado sentido de la obligación, el «morir en paz», que, finalmente, me llevó a pensar, por un lado en si había contribuido a la sociedad, y unido a ello en la continuidad, en si alguien podría seguir con mi labor. Sí, tú lo tienes muy claro, pero en mi caso (que, en efecto, también he escrito libros) todo lo que haya podido transmitir habrá sido fundamentalmente a través de mi trabajo diario en los laboratorios de investigación de los hospitales y en cursos, con mi actitud, con mi concepción de la medicina, ¿entiendes?

—Mira, yo creo firmemente que has contribuido con suficiente solidez y trascendencia como para no ser olvidado fácilmente. Sin duda alguien recogerá el testigo porque tú eres de los que han creado escuela.

—Éste es un aspecto importante para mi «morir en paz». Y el cuarto pensamiento fue acerca de la otra vida. ¿Hay otra vida? De la educación que recibí entre los cinco y dieciséis años aprendí metodología y el sentido de la responsabilidad y obligación social, pero tuvo también un aspecto tremendamente negativo que es el sentido de culpa. Y estas cosas adquiridas en la infancia aparecen en los momentos críticos. En el momento en que el avión empezó a hacer cabriolas en el aire no pude evitar temer por si era un desastre e iba a ser castigado por ello. ¿Me has entendido?

—Perfectamente. El sentimiento de culpa que inculcan los curas a los niños es brutal.

—Pues éstos fueron mis cuatro pensamientos básicos en el momento en que creí morir. Como he dicho, soy un individuo con cierta fe al margen de la institución eclesiástica, soy un individuo muy activo a la hora de contribuir y ese conjunto de valores adquiridos fue lo que acudió a mi mente en aquel momento.

—Coincidimos en los dos primeros pensamientos. En el «qué dejo» y en el «qué lástima». No lo he dicho antes, pero yo también pienso «qué lástima, podría haber durado un poco más» porque ahora es cuando estoy empezando a saber algo de lo que es el mundo, lo que es la vida. Como consecuencia de la educación tradicional, he perdido mucho tiempo, he sido muy tardío en entender las cosas. Por ejemplo, he necesitado llegar casi a los cincuenta años para empezar a darme cuenta de lo que es la relación hombre-mujer. Qué barbaridad, ¿verdad? Por supuesto tuve relaciones mucho antes, me casé, tuve una hija, pero lo que se dice llegar al fondo de la cuestión, entenderlas en su profundidad y ser consciente de la necesidad de algo que hoy tengo y entonces no tuve me llevó mucho tiempo. De modo que comparto plenamente el «qué lástima».

Los otros dos factores los vivo de manera distinta a ti. La pregunta de «¿has contribuido a la sociedad?», no me atormenta. Sé que no he hecho todo lo que debía, pero no me culpo por ello porque, como ya he dicho, parto de la base de que, al igual que los demás, soy el cincuenta, cuarenta, lo que sea por ciento de lo que podría haber llegado a ser. Creo que dentro de mis limitaciones he hecho y hago por la sociedad y de lo que estoy verdaderamente satisfecho es de mi vida universitaria. Olga es testigo de los recuerdos que tienen los alumnos de mí y de mi conducta en clase.

Un dios como Dios manda

—Y en cuanto a la otra vida —prosigue Sampedro— no tengo afirmaciones categóricas, no sé si hay un Dios o no hay Dios, pero me tiene completamente sin cuidado. Por una razón: porque si hay un dios como Dios manda, claro, no como manda el Vaticano, es imposible que me juzgue culpable. Primero porque yo no pedí venir a este mundo, él me ha hecho. Segundo, porque si le he salido mal, es culpa suya, que construya mejor el juguete. Y tercero, porque aun siendo consciente de haber hecho mal muchas cosas en mi vida y que puedo haber perjudicado involuntariamente a alguien, tengo la plena seguridad de no haber hecho daño deliberado a nadie. Maquinar maquiavélicamente cómo hacerle la puñeta al de enfrente, no lo he hecho. Nunca, ni siquiera a gente que me ha perjudicado. No, no lo he hecho porque hacerlo me hubiera degradado a mí. Por mí mismo, jamás he incurrido en esas prácticas.

—Yo tampoco, seguro. En fin, el tema de la muerte me parece muy interesante, pero creo que hemos abordado los aspectos fundamentales, ¿no?

—Sí, es un tema interesante porque el modo de aceptar la muerte retrata una civilización. La concepción de la muerte en la antigüedad clásica es completamente distinta a la nuestra.

—En efecto. Yo para concluir os repito mi intuición de que hay algo más. El problema de la culpabilidad es un problema educacional, pero sinceramente creo que he dado, que mi trayectoria vital no es para sentirme culpable.

—Yo no sé si hay algo más, pero no me preocupa y no tengo el menor sentido de culpabilidad. No me creo inocente, pero no soy culpable. Ya te dije, si Dios es como Dios manda, no puede hacerme culpable a mí de lo que Él ha creado.

—Me has convencido con esto de un dios como Dios manda. Es una frase estupenda para levantar nuestra última sesión.

Postdata

La función de escriba en estos encuentros era la de tomar notas para la posterior redacción del texto, no estaba allí para terciar en el diálogo, pero una vez concluido el trabajo, la curiosidad pudo más que la prudencia y no pude evitar dirigir al doctor Fuster la pregunta que desencadenó este emotivo «post-diálogo»:

—Antes de que te vayas, doctor, dime una cosa: al hilo de tus experiencias con los diagnósticos, pronósticos y la muerte, me gustaría si puedes recordar tu versión del paso de Sampedro por tu hospital. Sabemos cómo lo vivió él porque lo escribió en Monte Sinaí, pero tú ¿cómo le viste, cómo fue ese contacto, qué pronóstico te pasó por la cabeza? ¿Cómo le viste?

—Lo vi muy mal —me contesta muy serio—. Sí, lo vi muy mal, pero su caso era de los que o se superan o no. No hay término medio posible. No es como en el infarto, en el que puede quedar seriamente dañada una parte importante del miocardio y quedar uno muy limitado. En su caso, lo recuerdo perfectamente, me planteé que había un gran riesgo, pero que debía seguir adelante y o salía o no salía.

—¿Se lo dijiste?

—Bueno, en un caso agudo tienes que andar con mucho cuidado si no conoces a la persona. No puedes actuar igual que con un paciente al que llevas tratando tiempo y de pronto empeora. En un caso agudo, no puedo entrar y soltarle a bocajarro «oiga, que esto es *fifty-fifty*» y marcharme a dormir tan tranquilo. Tratándose de una infección aguda, lo mejor es mantener la boca cerrada y buscar rápidamente el agente patógeno. El suyo fue un caso grave, pero con la suerte de que acertamos en la intuición de lo que estaba pasando y eso nos permitió aplicar la solución a tiempo. El problema es cuando no sabes, como fue su caso durante una semana antes de acudir a nosotros.

—Yo recuerdo tu aparición como... como —evoca Sampedro emocionado—, hombre, no diré como un arcángel, aunque sea ésa la primera palabra que acude a mi mente. Te recuerdo como alguien que vino a proporcionarme la seguridad necesaria para superar el trance. Sí, eso es, seguridad en el sentido de que se estaba haciendo lo que se debía hacer. A partir de tu aparición, me sentí tranquilo hasta el punto de que una mañana la doctora Kalman, al pasar su ronda, me encontró tomando notas y apuntes y exclamó estupefacta: «¿Qué hace usted trabajando? Usted está aquí para curarse». Y yo le contesté: «No, perdone, usted me tiene que curar, cada cual a lo suyo, y lo mío es esto». Se echó a reír, claro. La verdad es que no tuve conciencia de la posibilidad de un desenlace fatal. Me sentí bastante sereno y no creo que os diera otra sensación.

—Sí, pero hubo un día en el que no tomaste notas. Lo sé

porque tú mismo lo declaraste años después a una revista que me entrevistó. Decías: «Cuando anoche no me he muerto, es que ya no me muero por ahora. Ésas son las únicas palabras de la nota de mis papeles del 18 de mayo de 1995». Decías más cosas, aquí está el recorte, pero citaré tus últimas frases por la actitud positiva que encierran: «... hay que vivir el sendero con dignidad... En el umbral de los ochenta años ya va siendo hora de empezar de nuevo».

—Déjame ver, me parece recordar que al cantante Carlos Cano que coincidió por ahí conmigo también le pidieron opinión para ese reportaje. Sí, aquí está. Lo ves, él también dice: «En Monte Sinaí me salvaron la vida y me enseñaron a vivir de un modo nuevo, porque yo nunca me había cuidado en serio aunque mi cuerpo me había dado varias señales».

Yo dije: «Me arrancaron del sueño de la muerte» y él cantó aquello de «Nací en Nueva York, provincia de Granada».

Sí, ya lo decimos en la introducción, los asuntos de «vida o muerte» sacuden los cimientos y crean vínculos muy especiales. En cualquier caso, nuestros testimonios en ese reportaje sobre el Monte Sinaí son fiel reflejo de lo que has contado estos días acerca de tu enfoque en la relación médico-paciente y tu modo de abordar, como científico, investigador y observador, la enfermedad en los momentos críticos.

—Bueno, bueno. Vámonos, es tarde.

EPÍLOGO

¿Y ahora qué?

En el final un solo pensamiento compartido: nos queda mucho por decir, pero nos falta más aún por aprender. Animan el aire, como despiertas mariposas, palabras que se cruzan, se palpan, se entrelazan en una confusa red de incertidumbre:

Infarto, desarrollo, conocimiento, poder, vejez, dogma, cáncer, globalización, técnica, muerte, valores, barbarie, vida.

Palabras del silencio aleteando bajo la bóveda de la fortaleza-parador. ¿Qué significan para estos muros perennes? La piedra permanece imperturbable, centrada en su existir. ¿Las hubieran entendido, hace mil años, los nobles señores de Cardona? Muchas les desconcertarían, pero no las sentimentales, aun con nombres diferentes. Y muchos milenios antes, cuando esta colina sin castillo fuera enmarañado bosque, y en un claro estuvieran descansando, afilando sus puntas de flecha, unos cazadores cubiertos con pieles, ¿qué voces oirían, qué sentimientos acelerarían sus corazones?

Caza, hembra, muerte, incertidumbre, vida.

Fuese como fuese, de ellos venimos, son nuestra raíz: no se detiene la vida.

Tampoco las palabras. Otras han irrumpido ya en nuestro silencio y danzan bajo la bóveda:

Espíritu, salud, comunicación, ciencia, desorden, sabiduría, irracionalidad, juventud, humanismo, dignidad, vida.

Y después de nosotros, mañana, cuando el hombre en su propio cuerpo vaya siendo afectado por la genética, la neurociencia, la nanotecnia y otros futuribles en el horizonte, ¿qué palabras danzarán en los silencios? Y entre tanto, ahora, ¿qué podemos hacer cuando vemos tan torpemente llevado el timón de la nave?

Al menos algo creemos: la nave es una galera. Si todos los galeotes anónimos unidos nos conjurásemos para remar sólo por una banda, la nave cambiaría el rumbo obligando al timonel.

El futuro es manejable, la Vida es imparable.

VALENTÍN FUSTER
JOSÉ LUIS SAMPEDRO
OLGA LUCAS